城市面具

BEHIND THE CITY

周东东 著

中国城市出版社

图书在版编目（CIP）数据

城市面具／周东东著. —北京：中国城市出版社，2019.8

ISBN 978-7-5074-3026-4

Ⅰ. ① 城… Ⅱ. ① 周… Ⅲ. ① 城市规划–研究 Ⅳ. ① TU984

中国版本图书馆CIP数据核字（2019）第090058号

责任编辑：张瀛天
书籍设计：锋尚设计
责任校对：赵　颖

城市面具
周东东　著
*
中国城市出版社出版、发行（北京海淀三里河路9号）
各地新华书店、建筑书店经销
北京锋尚制版有限公司制版
北京圣夫亚美印刷有限公司印刷
*
开本：787×960毫米　1/16　印张：21½　插页：3　字数：279千字
2019年8月第一版　2019年8月第一次印刷
定价：68.00元
ISBN 978-7-5074-3026-4
（904159）

城市面具

BEHIND THE CITY

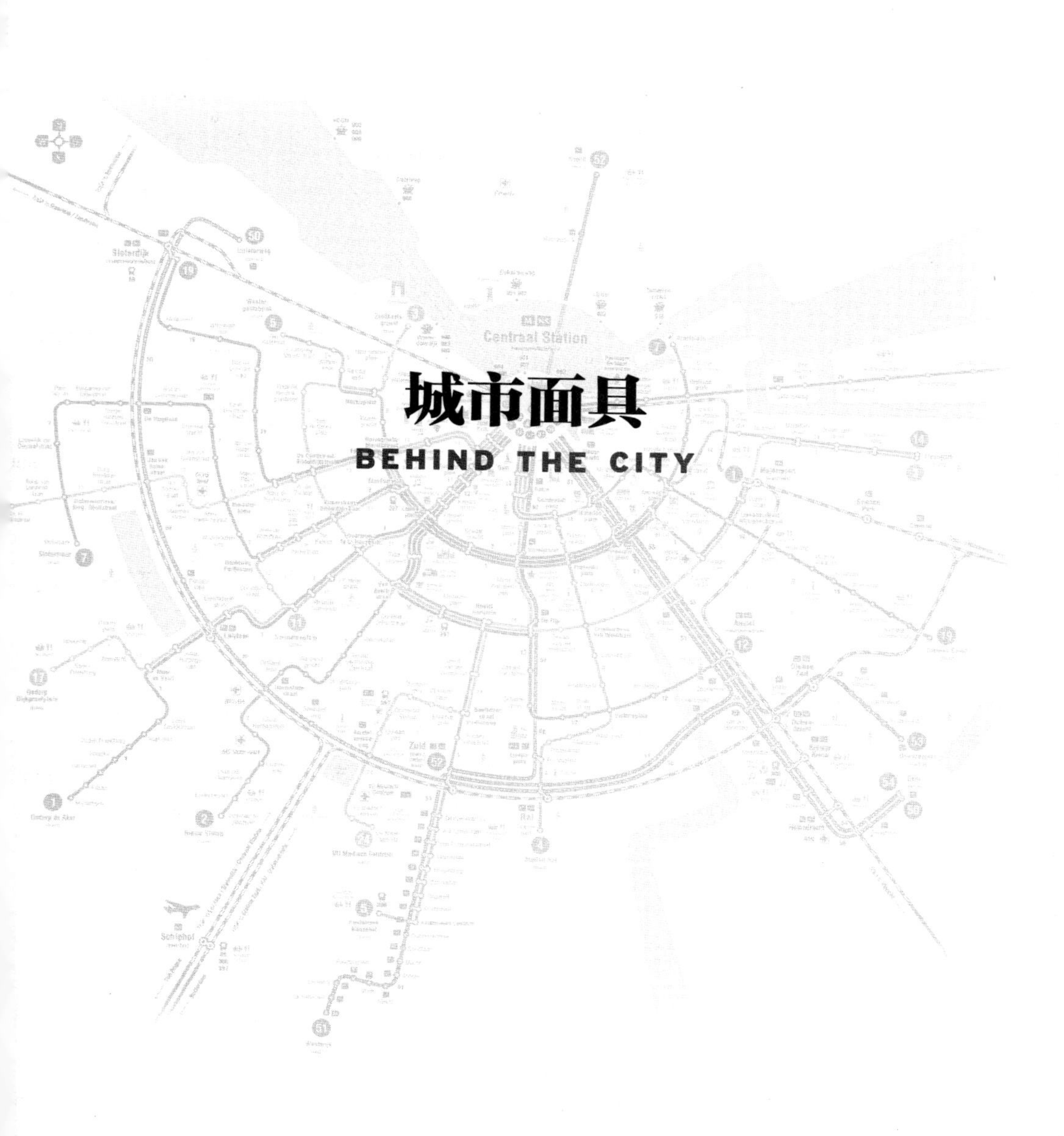

| 前言 |

Preface

有光的地方就有影子，任何事物的表象背后都有其运行的内在逻辑，本书旨在研究城市表象的变迁和城市表象变迁背后的逻辑。城市就像一个戴着面具的巨人，真实的一面藏在面具之下，这也是书名“城市面具”的创意来源。本书分为三个部分：面具之上、面具之下和城市的远见。

面具之上——世间万象，见证城市面具之上的世事变迁

从东京生命之树到上海浦东三子，越来越高的地标成为城市竞争的代言人。

从巴塞罗那更新到上海外滩重塑，滨水区改造终于回归了人本主义。

从首尔清溪川百年再生到广州荔枝湾揭盖复涌，城市河流首次取代机动车道。

从纽约中央公园到上海人民广场，不同意识形态下会导致云泥之别的公共空间体验。

从毕尔巴鄂奇迹到底特律大衰败，大型公建工程对不同城市的复兴产生出截然相反的效果。

城市发展中，成功的创新成为全球城市的引领典范：

第一次"零私家车"首都市中心计划——奥斯陆
第一次"截直取弯"向自然学习的滨河公园——新加坡
第一次凭借五条快速公交线成为"最适合人类居住城市"——库里蒂巴

面具之下——有物有则，探索城市面具之下的隐形逻辑

为什么城市越来越拥堵？职住平衡的理想会遇到怎样尴尬的现实逻辑。
为什么经典的规划理论总是难以实施？现代经济学对传统规划理论有哪些修正？
为什么非规划不可？自由市场的失效与集体行动的谬误会给城市带来怎样的伤害？
城市竞争、城市创新、城市演化又具有怎样的内在逻辑，避免简单形而上的表象思考，是研究城市的第一步。

最后一部分"城市的远见"，是关于城市未来的理性畅想

我们并不是要讨论虚幻的未来城市，而是基于正在发生的科学革命、经济发展规律以及人类需求三个方面进行综合判断，严谨的推演城市最可能的发展轨迹。

规划是人类的本能，城市规划是集体理性的表达，本书以一个城市规划师的视角，带你回顾百年城市变迁，做一个城市时代的思考者。

目录

Contents

第一部分

面具之上——表象

第一部分

面具之上——表象

妆容——城市风格的自然生长与规划干预

动脉——城市道路不是必需品

绿肺——城市生态空间的价值观变迁

明眸——城市的心灵窗口

第一章〈

妆容——城市风格的自然生长与规划干预

一切打算对整个社会实行计划的企图，无论出于怎样一种高尚的动机在他背后都写着一种“致命的自负”

——《致命的自负》Friedrich Hayek

城市风格形成的“潜规则”与“明规则”

城市建设规则是一个城市的基因，城市风格是基因的形象表达。

任何城市建设都是人为的，而影响城市建设行为的因素却有所不同。在传统城市建设中，城市所在地区的地质、气候、文化和税收制度等因素对人们建设城市的行为产生了间接影响，从而形成了适应于不同地区和民族需求的特色城市风格，这种间接影响可称之为城市风格的“潜规则”。而在现代城市的快速发展过程中，“潜规则”再也无法指导从四面八方快速聚集的城市人群，人们开始制定城市规划直接干预城市风格，比如通过容积率、建筑高度、贴线率等控制要素来规划城市，这种直接规划可称之为城市风格的“明规则”。那“潜规则”和“明规则”对城市风格的影响有怎样的区别?

传统城市风格——“潜规则”下的百花齐放

在传统城市的建设中，城市建设的“潜规则”形成了各具特色的城市风貌，知名的传统城市从亚得里亚海明珠威尼斯、爱琴海最美海岛圣托里尼、三面环山的日本名城京都，到国内的晋中名城平遥、江南六大名镇、消失的明清北京古城，所有的这些传统城市都不会让人联想到千城一面这个词。路易斯·芒福德在20世纪30年代就写了《城市文化》这本书，书中写道："城市文化的构成状况决定着最终产物的品相"。事实上，以文化二字不足以清晰地解释传统城市风格百花齐放的具体动力，而只有深入地挖掘影响城市的所有间接因素，才能接近事实的真相。

"潜规则"——技术、税收、气候、文化的综合

● 技术门槛

城市风格是从漫长的时间中形成的，是适应气候、外部环境、地域文化和有限的时代技术而形成的特定城市风格，而最本质的因素首先是技术限制而非文化影响。在现代社会之前，城市建造的技术基本处在低水平的发展阶段，人们用马车运送建筑材料，而最经济的办法就是使用本地材料，因此形成了以中国的木构建筑为基础的城市，最传奇的莫过于传说中的"楚人一炬，可怜焦土"的阿房宫。欧洲伟大的雅典卫城则基本使用大理石建造，而雅典卫城则紧邻大理石采石场。人们可以想象更加宏伟建筑、更加高耸的城市建筑群，而木构或石构建筑都有其技术延伸的极限，使这些幻想终究不能成为现实。而直至近代，钢筋混凝土技术的全球化应用才是新建城市千城一面的首要原因。

● **税收制度**

以阿姆斯特丹为例，建筑临街立面都很窄，窗户较大，一栋紧挨一栋的布置。这是因为临街是建筑重要的商业资源，当时的政府依据建筑临街面宽度来收物业税，居民为了减税，就把住宅临街面做得很窄，进深很长。所以室内就需要更多的阳光，窗户就做得比较大，形成了大部分临街建筑大体形状都比较类似。而居民为了区分，就在建筑色彩、窗户形状、屋顶形状和细节的装饰物上做区别。就形成了整

体空间有序，又不失趣味的阿姆斯特丹老城区。

● **气候因素**

日本因为处在环太平洋火山地震带上，多地震，所以，一般住的都是轻型材料建成的房屋，也因为温带季风型气候，多台风，房屋比较低矮，因"一户建"成为城市住宅的主要形式。另外一种因为气候因素产生的典型建筑是骑楼，骑楼最早出现在19世纪的新加坡，在当地称之为"店屋"，或叫"五脚基"。这种建筑形式可以挡避风雨，防止艳阳垂直照晒，能为城市街道带来凉爽的步行环境，因此在东南亚十分风靡，从南洋返乡的华人在华南地区建起类似的骑楼，从此骑楼成为我国福建、广东、广西、海南等沿海侨乡特有的传统城市风貌。而中国北方传统城市最基本的建筑单元是四合院，其坐北朝南的建筑形式有利于接受更多的阳光并抵御寒冷的北风。北京的四合院院子比例大小适中，冬天太阳可照进室内，正房冬暖夏凉，庭院是户外活动的场所。而中国西南山地地区的吊脚楼建筑形式也是因为气候环境的因素形成的，这种特殊的结构一是可以使建筑和山体结合，二是架空的建筑可有效隔绝地面的潮湿，从而形成了西南地区的特殊传统城市风格。

● **文化与思想**

中国的都城建设受到法家和儒家的影响，城市基本成方形结构，城内格局严格按照等级制度划分，从曹魏邺城、北魏洛阳、南朝健康、唐长安一直到明清北京城，其基本格局都严格按照《周礼·考工记》所阐述的"方九里，旁三门。九经九纬，经涂九轨，左祖右社，前朝后市"城市建制形式。为什么中国的古代都城建造模式基本一致？这是因为上千年来，影响城市建设的制度和技术都基本没有变化，从制度上来说，封建统治、儒家思想和等级制度基本不变，从技术上来说，以木构为主的建筑强度有其本身的局限性，使建筑形式得以延续。虽然从宋朝开始，城市内部地块结构经历了从里坊制到街巷制的转变，这

里约热内卢贫民窟的两种视角：特色OR混乱

里约热内卢贫民窟的两种视角：特色OR混乱

也是因为商业的发展才导致的局部改进。

除去中国的都城之外，对中国古代城市建设影响更大的思想是道家的“象天法地”，穆震溢在其著作《象天法地——中国古代人居环境与风水》一书中指出：“法天象地的基本概念就是顺应自然山川水泽物候的风水规律，努力做到天人合一，进而再去优化自然环境与人类生存繁衍的关系，这样就有了人类宜居的建筑群体，有了好的风水之地的感应与荫庇，自己和后人在心理上从实际的日常生活中即可以平安昌盛、幸福安康，随着群体性的宜居、城市的繁荣、村落的兴旺，随之而来的是社会的国泰民安，这就是周易风水理论对人类的真正福祉所在”。象天法地运用的最佳案例即桂林，桂林山水甲天下，而融于山水怀抱之间的城市甘愿做自然山水的配角，这是城市风格建设中的中国智慧。

正是由于多种多样影响因素的差异，才形成了千姿百态的城市风貌，我们每去到一个陌生的传统城市，就可以看到浓缩了制度、气候、文化和当地材料等“潜规则”下形成的不一样的城市风格。因此，如果要规划一个城市的风格，不仅仅是对城市表象的统计和分类，还要分析其风格形成的内在因素。而充分地尊重和利用这些因素，并与现代技术相结合，才是一个继承了优良传统、并可持续建设的城市风格。

现代城市风格——“明规则”下的千城一面

自快速城镇化以来，世界各国分别出台了相关的法规条例，开始对城市风貌进行直接干预。

● **美国**

美国对城市风貌管制的法规包括区划法规（Zoning By-Law）和城市设计导则，区划法规是实施性的法定规划，是一种政府法令，依据宪法条款的“管辖权”对城市土地实施分区管理。区划法规严格规定了地块的使用性质、建筑边界红线、建筑类型和开发强度等。区划一旦通过地方立法机构审议后，就会成为具有法律效应的强制性规定。城市设计导则针对局部地区的建筑风貌、建筑色彩、建筑高度、空间形态等内容提出具体要求，是对区划法规的补充。区划法规和城市设计导则在强制性和引导性两个层面对美国城市的风貌进行了全方位的限定。

● **新加坡**

新加坡于1990年颁布《规划法》，设立城市重建局URA（Urban Redevelopment Authority），规划局成为其下属机构。新加坡城市规划分为发展规划和开发控制规划。发展规划是长期和战略性的，主要对城市的空间结构、用地布局和重大基础设施的长远布局。开发指导规划是用地开发建设的法定规划，其详细规定了包括土地用地、发展密度、建筑高度、历史保护、步行道设施、绿地环境等方面的详细指导细则和控制参数。开发指导规划已经覆盖了新加坡全部55个分区，可以说每一栋建筑的新建、改建和拆迁都有法可依，而城市风貌自然也被规划控制。

● **德国**

德国的《联邦建设法典》和州建筑法规定城市政府可以自行组织编制风貌规划，并报市议会审批，并形成法定的风貌条例。城市风貌规划由德国斯图加特学派于20世纪70年代提出。与传统规划形式不同，风貌规划将关注点放在城市街巷及建筑立面的风貌分析和控制上，进一步解决了传统规划对于城市风貌景观控制引导力度弱等问题。德国城市风貌规划现已成为德国历史城市保护与景观规划领域的典型工作模式，并在德国斯图加特（Stuttgart）、波茨坦（Potsdam）、施特拉尔松德（Stralsund）等数十个重要历史城市的保护性城市景观更新规划中得到成功实践。

● **法国**

近现代的法国对城市风貌管控一直在扩展升级，从1915年的《城市规划、美化和扩展计划》到1919年的首部关于城市规划的法律文件《Cornudet法》，从1932年提出编制覆盖巴黎地区656个市镇的《巴黎地区规划整治计划》到1935年颁布新的法律，将编制规划的范围扩大到整个国土。这些规划中对城市风貌提出严格的控制要求。

● **日本**

日本有《城市规划法》和《建筑基准法》，并以此形成了作为政令实施的《城市规划法实施令》和作为省令的《城市规划法实施规则》。其中《城市规划法》中按照居住、商业、工业之间的用地的兼容程度分成12种类型，每一种类型都提出了相应的建筑物用途、建筑密度、容积率、体型等控制要求。在《建筑基准法》中对建筑用地和道路关系、建筑物用途限制、建筑物位置和形态（包括道路红线、建筑后退红线、建筑密度、建筑高度、容积率）、建筑物构造限制（防火材料和防火构造等），并详细控制了地块之间的具体关系，如此细致的法规控制，城市的新建建筑也就难免相似。

● **中国**

中国建立了自中央到地方最完善的规划体系，但专门针对风貌规划的法规和规定却起步较晚，2017年6月，住房和城乡建设部颁布《城市设计管理办法》中规定了重点地区城市设计应当塑造城市风貌特色，注重与山水自然的共生关系，协调市政工程，组织城市公共空间功能，注重建筑空间尺度，提出建筑高度、体量、风格、色彩等控制要求。地方对城市风貌的管制又进行了详细的规定，例如2018年5月1日施行的《浙江省城市景观风貌条例》。也有些计划单列市单独制定了城市风貌条例，例如2014年11月1日起施行的《青岛市城市风貌保护条例》。

所有的这些规划都属于自上而下的精英式规划，然而从这些规划出来的城市风貌的现状来看，它们避免了拉美国家部分城市虚假城镇化的混乱，却陷入了另一种秩序的单调中。里约热内卢是巴西第二大城市，由于大量的人口涌入，并缺少强有力的规划控制，使里约热内卢形成了大量的贫民窟。贫民窟成为里约城市风格的一种特色，但这种无控制的城市化带来的却是更大的城市问题。因此，规划首要追求的是城市秩序，其次才是秩序之下的特色和内涵。

图 1-1 里约热内卢贫民窟的两种视角：特色 OR 混乱？

千城一面惹恼了谁？一场精英主义的批判

一切打算对整个社会实行计划的企图，无论出于怎样一种高尚的动机，在他背后都写着一种“致命的自负”。

——《致命的自负》哈耶克

哈耶克是反乌托邦的社会学家，其在《致命的自负》一书里阐述了人类行为秩序的本质，人类行为秩序是介于理性与本能之间的，道德的演化超越了个人理性，因而妄想通过理性建构一种正确的社会秩序是必然要失败的，而这种理性的自负也因此被称之为致命的自负。而城市风貌规划似乎正是一种自上而下对整个城市做出安排的企图。另一位知名的社会学家简·雅各布斯也极力反对城市的一切自上而下的控制性安排，其在《美国大城市的死与生》中提出，城市之所以变得冷冰冰，变得不再人性化，社区内的邻里互助也正在逐渐消失，是因为自上而下的规划并没有考虑人的实际需求，她从社会学角度对传统规划的精英思想进行了全部彻底的批判。

许多知名学者都提出了千城一面的问题，不管是哈耶克还是雅各布斯对自上而下的规划企图都进行了全面的驳斥。除了社会学家，更加反对的是城市设计师和建筑师本身，他们担心城市文化的消融，担心城市和建筑的精神意义的缺失，甚至担心城市居民会迷失在千城一面的单一之中。从宏观上来说，千城一面几乎存在于每一个国家，同一个国家制度，同一套高度控制系统，差不多的建筑风格，一致大小的街区尺度，因此从城市风貌结构来看，每个城市都长得一样。美国的大都市一般都是超高层超密集的现代核心区和低密度蔓延的别墅区组合拼贴的城市风貌；日本的大都市同样存在着高层高密度的现代核心区，只不过居民大多居住在低层高密度的“一户建”内；欧洲的城市更多是围合型的多层建筑街区，柏林城区内几乎所有建筑物都被控制在“檐口高度22米，屋顶高度30米”的体量之内。而仅看城市新区的建设风格，甚至存在着全世界千城一面的现象。还是引用路易斯·芒福德的阐述：“城市文化的构成状况决定着最终产物的品相”，全球化不仅抹平了世界范围内城市的文化差异，也抹平了所有新建城市的风格，千城一面是全球化和现代化的历史必然。但每一个生活在城市中的市民可能并不认同这一观点，市民使用者对城市风貌的理解和规划师视角存在着很大的误差，在宏观的千城一面的背景下还存在着精彩纷呈的微观世界。

千城一面不是结果，只是过程

工业化以前，城市人口比例只占全社会人口的一小部分，城市人口的比例往往是相对固定的，一个城市的建设会持续几百年，城市的规模在短期内基本不变，人们有充足的时间来建设城市，依靠邻里公约，依靠市民之间的相互协商，以及在所有的“潜规则”下，人们发展出了各种各样的传统城市。罗马不是一天建成的，然而自每个国家进入工业化以来，城市人口的增长率相对前几千年的确出现了质的变化，城市化的速度也相应地快速增长，人们大大缩短了城市建设的进程，甚至可以在短短几十年时间就可以将一座城市的规模扩大数十倍以上，邻里公约也瞬间被瓦解。以英国为例，在1760年工业革命之前的上千年中，城市人口比重一直处于10%以下。而到了1900年，英国城市人口比重达到75%[1]。在不到一个半世纪的时间中，城镇化率增长了7.5倍以上，伦敦也从1801年的96万人增长到1901年634万人[2]。来自世界各地的人才涌入英国的大城市中，有德国人、瑞士人、法国人、希腊人和犹太人等[3]。在本书第五章中，已经详细阐述了城市规划是必不可少的城市开发准则。如果没有强大的城市规划作为城市建设的控制力，我们很有可能会陷入类似拉美国家的虚假城市化中，以里约为例，城市确实非常有特色，但这种特色是建立在大量贫民窟的基础之上的。这种特色，却是城市建设需要尽量避免的。

在现代城市发展中，这些法规和风貌规划使每一个城市都更加秩序井然，但并没有防止千城一面的出现，而是使各个城市风貌更加接近。从本质上分析，城市是经济发展和市民生活的空间载体，在同一个国家，这些城市处在同一个经济发展阶段和同一种城市建设制度之下，那么城市规划和城市建设实施一定会趋近同一个最优方案，这些城市必然会出现千城一面的现象。在快速城镇化过程中，人们首要追求的并不是千城千面，而是每一个城市的秩序和活力，因此千城一面不是结果，其只是一个过程。

因此总结来说，千城一面虽然受到了众多精英主义的批判，但其只是快速城镇化出现的历史规律，是技术大爆炸时代的副产品之一，从更长的时空来看，现代城市仍处在婴儿期，而成长会让城市更具特色。

全球城市风格的同与异
——人均土地资源差异的影响

以世界部分国家的城市人均建设用地指标作为分析的基础，各个国家的城市人均建设用地差异巨大，这种差异源自于各个国家的人均土地资源禀赋和城市建设制度等原因。在此我们并不展开分析人均建设用地指标差异的原因，而只重点讨论这种用地指标的差异会对城市风格带来怎样的影响。以中国、日本、意大利和美国四个国家为对比研究案例。

世界部分国家的人均城市建设用地（单位：平方米/人）[4] **表 1-1**

国家	人均用地	国家	人均用地	国家	人均用地	国家	人均用地
中国	155	印度	80	西班牙	204	美国	931
巴西	197	德国	338	波兰	266	俄罗斯	262
韩国	94	埃及	78	加拿大	692	菲律宾	76
日本	249	法国	713	澳大利亚	834	意大利	379
墨西哥	160	英国	241	荷兰	374	丹麦	425

城市核心区风格趋近于全球千城一面

分别取美国旧金山、法国巴黎、日本东京和中国香港四个国家的典型城市为例，如果只看这些城市的核心区，几乎无法分辨其中差别。这种现象主要源自现代建筑技术和规模聚集效应两个因素的影响。首先，任何一栋超高层办公楼都可以邀请世界上最优秀的设计团队和施工团队完成，因此建筑技术在全球城市中的差异可以忽略不计。其次，受经济全球化的影响，世界的经济资源开始在布局在全球各个城市，受规模经济影响，城市核心区的密集程度都会达到当前技术支持的最大程度。所以从整体格局上来说，城市核心区的风格会呈现出全球千城一面的景象。

图 1-2 全球城市现代核心区的千城一面

城市居住区风格的天壤之别

既然城市核心区的建设强度基本相似，那么城市人均建设用地的巨大差异一定是除核心区以外的城市建设用地构成的。居住用地则是占比最大的用地，仍然以上述四个城市的居住区为例，城市居住区的风格差异则是受到各国居住制度的主导影响，其呈现出千城千面的景象。

图 1-3 四个城市中典型住宅区的鸟瞰图（图像内用地大小均为 32 公顷）

从鸟瞰图中可以更加清晰地看出四种居住风格的差异，美国硅谷地区为1~2层的低层低密度别墅区；法国巴黎迈松阿尔福社区为3~4层的多层中密度的围合式街区；日本东京住吉社区为3~6层多层高密度的一户建街区；中国香港慈云山社区为30~40层超高层点式住宅区。四种住宅模式中，建筑密度最高的为日本东京，人均建设用地最大的为美国圣荷西硅谷的别墅区，而人均占地面积最小的是香港慈云山社区。城市人均建设用地的巨大差异形成了不同城市居住区风貌的天壤之别。日本的都市区的“一户建”是低层建筑高密度的极限，如果再增加单位用地的居住户数，则低层和多层的住区模式已经无法解决，则必须发展高层和超高层住宅区，例如中国香港的超高层住宅社区模式。然而高层住宅有着天然的缺陷，低层住宅和多层街区式住宅让邻里居民更加容易相互接触，从而形成社区的良性互动，高层住宅增加了居民参与社区邻里互动的难度，并形成一种负反馈机制，即接触难度增加导致交流减少，交流减少导致进一步降低人们参加邻里互动的期望。在日本，公团住宅是一种福利性住宅，其建设初期采用了高层住宅模式以增加居住户数，然而经过长期的实践之后，人们发现高层住宅降低了孩子的自立性，不愿外出的孩子增多，随后招致很多社会批评，以后的公团住宅建设便逐渐减少直至废弃了高层住宅的模式。因此高层住宅是为了提高单位用地的使用效率而不得不采取的妥协的方案。

住宅容积率乘数效应

从世界人均住宅建筑面积来看，美国为78.7平方米/人，澳大利亚为37.4平方米/人，法国为45平方米/人，意大利为43平方米/人，德国为47.5平方米/人，俄罗斯为47.5平方米/人，日本为31.2平方米/人，西班牙为27平方米/人，中国27.45平方米/人[5]，相对于人均住宅建筑面积，人均城市建设用地面积相差会成倍增加（假设居住用地面积占城市建设面积的比例接近，则可以用城市建设用地面积替代居住用地面积），即人均建筑面积落后的国家不得不采用提高更多倍容积率的做法来提高人均住宅面积，这种居住用地面积的放大现象可以看作是容积率乘数效应，设置容积率乘数效应值为β，国家a的人均住宅建筑面积为X_a，国家b的人均住宅建筑面积为X_b，国家a的人均居住用地面积为Y_a，国家b人均居住用地面积为Y_b，则国家b相对于国家a的住宅容积率乘数效应$\beta=Y_bX_a/Y_aX_b$，则通过上述九个国家的指标来计算，其余八个国家对中国的住宅容积率乘数效应β的均值等于1.98倍。这意味着中国和其他国家的居住用地面积比居住建筑面积的差距还要扩大两倍。举例来说，中国和美国的居住建筑面积相差2.86倍左右，但居住用地面积就会相差6.01倍，乘数效应为2.10；中国和法国的居住建筑面积相差1.64倍，但居住用地面积相差4.6倍，乘数效应为2.81。如果以人均居住建筑面积和人均居住用地面积两项指标来衡量一个国家人居环境的质量，则会出现乘数效应结果，落后的国家对于人均住宅面积的追赶较为容易，但在人均居住用地这个指标上接近发达国家水平的难度会成倍增长。

部分国家人均住宅建筑指标和用地指标的差异（住宅容积率乘数效应）　表 1-2

国家	人居住宅建筑面积（㎡/人）	人均城市建设用地面积（㎡/人）	人均住宅面积比（以中国为基数 1.0）	人均用地面积比（以中国为基数 1.0）	容积率乘数效应 β（其他国家相比中国）
中国	27.5	155	1.00	1.00	1.00
西班牙	27	204	0.98	1.32	1.34
日本	31.2	249	1.13	1.61	1.42
俄罗斯	32.8	262	1.19	1.69	1.42
德国	47.5	338	1.73	2.18	1.26
意大利	43	379	1.56	2.45	1.56
法国	45	713	1.64	4.60	2.81
澳大利亚	37.4	834	1.36	5.38	3.96
美国	78.7	931	2.86	6.01	2.10

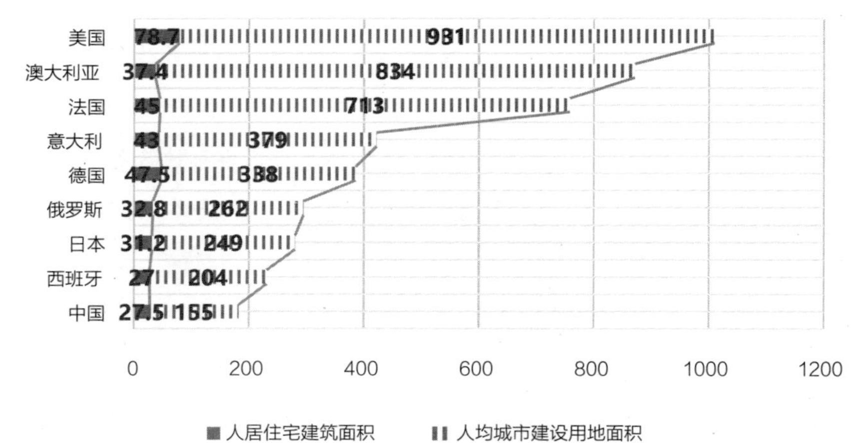

图 1-4 部分国家人均住宅建筑面积和城市用地面积的差异

未来中国的选择

虽然中国和美国都有着紧凑的现代城市核心区，但在居住选择上，中国和美国是两个完全相反的方向，美国以郊区别墅区蔓延为城市特征，而中国城市风格则是高强度城市开发控制。美国以私人汽车为主要出行方式的高能耗发展方式并不适合中国的实际国情，但中国目前采用的以高层住宅为主的形式也走向了另一个极端，采用紧凑型城市建设模式几乎是改革开放40年以来的唯一选择，这对生活在城市里的居民会产生长远的身心健康影响。中国并非缺少土地，而是缺少土地供应。以北京为例，北京市域总面积为1.64万平方米，而2015年用于城乡建设用地的总面积仅为0.29万平方米[6]，这种现象几乎存在于每一个城市中。中国在人均居住面积上落后不大，但在人均居住用地面积的指标上落后巨大，未来中国需要改变以高层为主的策略，适度放开城市用地管制，增加城市住宅土地供应，融合多层和高层的综合发展，鼓励多层住宅的综合策略。未来中国城市不仅要住有所居，还要居有所依，让居住住宅依托自然环境，增加居民的接近地面的需求，建设人性化的宜居中国。

图 1-5 中美城市空间发展比较

中国现代城市的“秩序之路”
——“明规则”之下的千城一面

城市建设的“明规则”会导致城市的千城一面，中国的城市建设有哪些“明规则”？而这些“明规则”又是如何导致了中国城市特色的消失？

中国现代城市的“秩序之路”——“明规则”编年史

中国现代城市的建设和中国现代经济的发展走过了相同而曲折的路径，从模仿苏联经验，到“三年不搞城市规划”，再到改革开放，是中国城市建设“明规则”的探索阶段，开启了中国城市建设的市场化路线。从深圳特区尝试土地有偿出让，到《中华人民共和国宪法修正案》，再到《中华人民共和国土地管理法》正式确立国有土地有偿出让的制度，是城市建设“明规则”的制度建设阶段，为城市房地产开发奠定了制度基础。从《中华人民共和国标准化法》到《城市用地分类与规划建设用地标准》是中国城市建设“明规则”的标准化阶段，从此城市建设度过了摸着石头过河的盲目阶段，开始走向秩序统一的现代城市。

“明规则”探索阶段

★1953～1955年，“一五”期间，8个重点城市的城市规划编制。采用苏联模式，期间关于城市规划的重点讨论为“96之争”，即对人均居住面积标准采用9平方米或是6平方米这一问题产生的争论，这个标准很快受到中央领导人和部门的注意，批评人均9平方米住宅建筑面积标准过高。

★1957年，针对城市规划的“批四过”。从“96之争”延伸到“批四过”，即针对规划的“标准过高”“占地过多”“规模过大”“求新过急”四项内容的批斗，使之后的城市规划和城市建设更加保守。

★1960年，“三年不搞城市规划”。从“批四过”延伸到“三年不搞城市规划”，国家重点发展工业，城市建设和居民生活改善建设成为了被暂时舍弃的部分。

★1966～1976年，城市发展停滞阶段。十年“文化大革命”，城市知青上山下乡。1966年，中国的城市化率为17.86%，到1978年城市化率为17.92%，即在30年时间城市化率仅增长了0.06%[7]。

★1978年，改革开放，中国现代城市建设重新走上正轨。

“明规则”制度建设阶段

★1980年，深圳特区成立，尝试土地出让，初试“明规则”。通过土地出让出租的形式招引外商。这种做法引起了全国讨论，北方一家党报发表了一篇题为《历史租界的又来》的文章，映射深圳特区是租界。

★1984年，国有土地出让风波盖棺定论，奠定城市发展基础。邓小平南下，写下：“深圳的发展和经验证明，我们建立经济特区的政策是正确的”批语，国有土地使用权出让风波才正式盖棺定论，为土地使用权和所有权分离奠定法制化基础。

★1988年，中国城市建设制度化起始年，城市土地开发解禁。

《中华人民共和国宪法修正案》通过了土地使用权依法转让。

《中华人民共和国土地管理法》进行了修订，确定了国有土地有偿使用制度，首次确立了国有土地所有权和使用权的分离，这为中国城市飞速发展奠定了制度基础。

★1989年，《中华人民共和国城市规划法》颁布，城市规划正式成为法定规划，是城市拓展的重要工具。

★1998年，住房制度改革，城市住宅市场化起始年。停止住房实物分配，逐步实行住房分配货币化，为城市快速扩张引入社会资本和市场竞争，使房地产企业成为城市开发最重要的角色。

“明规则”标准化阶段

★1988年，《中华人民共和国标准化法》出台，城市建设标准化的前奏。

★1991年，《城市用地分类与规划建设用地标准》GBJ 137-1990开始实施，正式提出新建城市人均建设用地90～105平方米，人均100平方米城市建设用地标准深入人心。

★1991年，《城市规划编制办法》开始实施，确定了以控制性详细规划为主体的地块控制法则。

★2012年，《城市用地分类与规划建设用地标准》GB 50137-2011开始实施，继续严格控制城市人均建设用地标准，强化节约集约用地制度。

★2017年，《城市设计管理办法》开始实施，开启城市设计和控制性详细规划双轨控制的地块控制法则。提出重点地区城市设计的内容和要求应当纳入控制性详细规划，并落实到控制性详细规划的相关指标中。

★2014～2018年，各省市城市风貌条例。以《浙江省城市景观风貌条例》和《青岛市城市风貌保护条例》为代表。

★1994～2018年，各直辖市和地级市《城市规划管理技术规定》。事无巨细地规定了各个城市的建筑密度、建筑间距、建筑朝向、建筑退界、建筑面宽、建筑色彩、建筑风貌等要求。

中国城市建设“明规则”是如何影响城市的特色的？

这些“明规则”一步一步地进化为中国建设现代城市提供了制度和标准上的保障，但也正是这些“明规则”影响了城市的特色。

以天津鼓楼片区的拆迁改造为例，鼓楼是天津市的几何中心，天津市以鼓楼为中心向四周不断扩张，所以有鼓楼是天津市的发源地之说。在2000年之前，鼓楼区域存在着大片区的低层传统建筑，虽然这些建筑质量较差，生活设施缺乏，依然是天津传统民居的代表区域，可以通过增加公共空间，疏通市政管道和消防车道，修补老旧建筑等有机更新的模式进行改造，这种做法在之后很多城市得到了成功的实践。然而天津鼓楼街区几乎在一夜之间，整个片区被抹平，重建了鼓楼和鼓楼商业街，其后10年内的建设和所有城市新区开发模式如出一辙，新建学校，修建路网，再用房地产开发填满每一个地块。这种毁灭过去，创造未来，拆除真历史，新建假古董的更新方式符合所有的“明规则”，甚至是在“明规则”的鼓励之下一步步新建出“千城一面”的现代化城区。

要探讨中国城市建设制度“明规则”是如何发挥作用的，要从整个“明规则”建立的逻辑开始。

图 1-6 天津老城区 12 年的变迁

中国城市建设“明规则”的产生逻辑与实施结果

集约主义（保守主义）的起源：从“96之争”到“人均100”

“96之争”——“批四过”——“三年不搞城市规划”

从“一五”开始，新中国才正式开始了城市规划，“一五”计划开始后，为了配合大规模工业化建设，国家开展了以西安、太原、包头、兰州、洛阳、武汉、成都和大同等8个城市为重点的城市规划编制工作。编制工作大致是1953年正式启动，1954年12月至1955年底期间大多陆续获得批准。所谓“96之争”，即在“一五”期间编制的城市规划，对人均居住面积标准采用9平方米或是6平方米这一问题产生的争论。学习苏联模式，提倡“对人的关怀”原则，这个原则之一就是要保障每个人有9平方米的居住面积。9平方米的人均居住标准据说是列宁请教了医学科学家：一个人一天呼吸空气最少要27立方米，按照住宅建筑层高3米计算，就形成了人均9平方米的居住标准。“一五”期间按照这个标准开始进行城市规划，但由于当时的城市建设情况和经济发展水平都比较落后，这个标准很快受到经济方面的领导人和部门的注意，发现9平方米太高了，因为当时全国人均住宅面积为4.0平方米左右，北京人均住宅面积为4.5平方米[8]，成都市人均住宅面积为3.72平方米，武汉市人均住宅面积为2.6平方米，大同市人均住宅面积为4.5平方米[9]。到“一五”末期，由于“96之争”出现了“反四过”运动，即“标准过高”“占地过多”“规模过大”“求新过急”，“反四过”之后不久，到1960年，这场对规划的“批斗”升级到了“三年不搞城市规划”的程度。当然“三年不搞城市规划”并不是指城市规划无用，而是在当时的发展情况来看，国家的发展重点在工业建设，而城市建设和居民生活改善建设成了被暂时舍弃的部分。

新中国成立以后的“一五”和“二五”期间，第一批城市规划编制就遇到了“规划超前”的信任危机，从“96之争”到“批四过”再到“三年不做城市规划”正是这种危机的具体体现，国家对人均指标形成了严格控制态势，由极度落后的建设现状导致了对未来建设标准超“保守主义”观念，这对未来中国城市建设起到了深远的影响。从1960的“三年不做城市规划”到1991年随着《城市用地分类与规划建设用地标准》的出台，31年间城市化率仅从19.29%增长到了26.37%[10]，中国的城市建设基本上处于自然增长状态。直到1991年《城市用地分类与规划建设用地标准》才第一次真正地制定了城市建设的各种指标，发展出城市建设用地“人均100”的概念。

2004年12月20日《瞭望新闻周刊》披露，一些城市在规划年限至2020年的城市总体规划修编中，抬高GDP增长速度与人口规模，提出超常发展目标，以期在中央政府严控土地的政策背景下，拿到更多的建设用地。这篇报道获中央高层强烈关注。国务院领导作出指示，要求合理限制发展规模，防止滥占土地、掀起新的圈地热。

“人均 100”无可避免地产生了千城一面的“城市高原”

严格的耕地保护和节约集约用地制度是中国的长期国策，因此中国城市空间是高强度精明收缩主义的体现，在上节“全球城市风格的同与异——人均土地资源差异的影响”中可以得出，中国的城市人均建设用地是远远落后于传统发达国家的，是法国城市人均建设用地指标的五分之一，是美国城市人均建设用地指标的六分之一。从美国和中国的城市对比来说，美国是“山峰”型城市，而中国是“高原”型城市，即美国城市的核心区是由高楼大厦形成的一座凸起的“山峰”，而山峰周围则是广袤的低层居住区形成的“平原”地区。而中国城市的核心商务区和外围的居住区都是高层建筑，常见百米的超高住宅直接和城市边缘绿地接壤。因此中国的城市没有“山峰”和“平原”，而是高度近乎一致的凸起于地面的“高原”城市。“人均100”低建设用地标准把居民都逼上高层住宅，从此开始了中国现代城市风格“千城一面”的第一步。

为什么“人均100”的城市建设用地标准较低？一般来说，居住用地占城市建设用地面积的30%左右，如果采用人均100平方米的城市建设标准，那么人均居住用地面积大约在30平方米左右，这些居住面积中还包括了居住区内的附属道路、社区公园、小区幼儿园、社区文化馆、社区体育场地、社区商业和养老设施用地等，根据最新的《城市居住区规划设计标准》GB 50180–2018，住宅用地占居住用地面积的50%～70%，因此人均住宅用地实际为15～20平方米，而2016年城镇居民人均居住面积36.6平方米[11]，这导致了中国城市住宅平均容积率在1.83～2.44。按照中国的住宅设计标准，多层住宅小区的容积率上限只能达到1.8，在这种情况下，才产生了高层住宅蔓延的结果，最终形成千城一面的“高原城市”。

图 1-7 “山峰”城市和“高原”城市的对比

城市的“标准化生产”——城市建设标准是千城一面的制度基因

《中华人民共和国标准化法》1989年4月1日施行，随后《城市用地分类与规划建设用地标准》GBJ 137–1990于1991年开始实施，至今20多年的时间里，成为影响中国城市化最重要的标准规定，随后城市的发展就定型为现在大家熟悉的模样。那么中国城市建设的人均指标是如何影响中国城市风貌的？

用地指标“明规则”的三部曲

规划建设用地标准包括三个方面，分别有规划人均建设用地指标、规划人均单项建设用地指标和规划建设用地结构。这三个方面层层递进，有效地控制了城市的建设秩序，却也抹去了每一个城市的特色。

三部曲一：人均建设用地指标

《城市用地分类与规划建设用地标准》GBJ 137–1990中，将新建城市人均建设用地确定为90～105平方米。而后2011版的新标准将新建城市人均建设用地确定为85～105平方米，城市建设更加节约集约化发展。因此每一个城市的总体规划最重要的是确定规划期末的城市人口，再通过人均建设用地100平方米的速算基本可以得出未来的城市建设面积。前面已经分析过“人均100”就会无可避免地产生千城一面的“城市高原”。

三部曲二：人均单项建设用地指标

《城市用地分类与规划建设用地标准》GBJ 137–1990中，人均居住用地指标为18～28平方米/人，人均工业用地指标为10～25平方米/人，人均道路广场用地指标为7.0～15平方米/人，人均绿地用地指标为9.0平方米/人。而后2011版的新标准有所改动，不在对工业用地进行单项管控，其他用地指标均有所上调，其中将人均居住用地面积根据气候分区调整到28～38平方米/人和23～36平方米/人。每一个单项的控制都比较严格，这更加凸显了城市建设用地的节约集约化利用。

三部曲三：规划建设用地结构

用地标准不仅规定了人均用地指标，还进一步确定了各不同性质用地之间的比例，《城市用地分类与规划建设用地标准》GBJ 137–1990中，居住用地占比20%～32%，工业用地占比15%～25%，道路广场用地占比8%～15%，绿地占比8%～15%。而后2011版的新标准将各个用地的占比幅度进行了调整，其中居住用地占比为25%～40%。这形成了不同城市之间基本相同的用地布局模式，促成了进一步“千城一面”的城市风格。

举例来说，桂林是中国传统城建哲学“象天法地”的具体运用，桂林山水甲天下，20世纪90年代之前，城市建筑以多层为主，城市融入了山水怀抱之间，这是城市风格建设中的中国智慧。然而正是在这样“明规则”三部曲的统一管制之下，现代化的桂林，高层和超高层建筑矗立在城市中，建筑高度甚至超过城中的自然山体，城市不再敬畏山水环境，让城市特色逐渐弱化。

图 1-8 传统桂林和现代桂林的山水城关系对比

严控之下的结果——千篇一律的中国住宅小区

1994～2018年，各直辖市和地级市陆续出台了《城市规划管理技术规定》。事无巨细的规定了各个城市的建筑密度、建筑间距、建筑朝向、建筑退界、建筑面宽、建筑色彩、建筑风貌等要求。形成了从“指标间接控制”到“形态直接控制”。以中国的住宅小区为例，在严格的日照要求、容积率、建筑密度、建筑间距等一系列管控下，中国住宅小区几乎只剩下唯一的选择，即南北朝向板式住宅，这种现象在北方城市更加严重，住宅的管制制度和居民对住宅朝向的偏好形成了一套相互强化的系统，这种需求偏好厌恶朝东或者朝西的住宅，而住宅开发商也投其所好，几乎只提供南北向的住宅。事实上，现有的建筑材料完全可以避免西晒带来的影响，而且东西朝向可以比南北朝向带来更多的日照时间。这种畸形的制度体系和落后的居住观念导致了中国城市居住区毫无趣味，且无法真正融入城市街区，最终居住区形成了一个个独立的岛屿，也导致了目前千城一面的住宅小区。没有一个国家和中国一样，住宅都是南北向的板式楼房，参考国外城市的住宅小区，具有多种多样的组合形式，以围合式开放街区模式为例，即能创造良好的居住空间，又能和城市有机融合。在最新的《城市居住区规划设计标准》GB 50180–2018中关于居住环境的第一条修改即：“宜通过建

图 1–9 中外住宅区的空间差别

筑布局形成适度围合、尺度适宜的庭院空间”。

制度改革——用城市设计控制替代土地指标控制

中国的城市建设制度都基于同一套指标体系，而在一套指标体系下存在着一个最优化的唯一解，这个唯一解导致了千城一面。

混乱和繁荣仅一墙之隔，同样秩序和单调也难以掌控。城市管理者通过一系列法规、规定、标准试图建设秩序井然的城市，却无可避免的走向了结构化的单调城市，如何摒弃混乱和单调的二分法，保持秩序和繁荣并存。修正不合理的法规制度，用城市设计控制替代土地指标控制才是合理可行的改革方向。

城市风貌的内生革命
——星星之火，可以燎原

城市风貌的形成伴随着快速城镇化一蹴而就，而城市风貌转变则是逐步发生，并且永不停止。中国经历了40年的快速城镇化之后，很多城市开始进入存量更新时代，随着对城市历史文化价值认知的提升，人们不再采用整片拆除再新建这种粗暴的更新做法，而是从一栋建筑、一个地块、一条街道的改造开始，对城市进行针灸式的改造，星星之火，可以燎原。城市风貌开始从内部改变，成为城市发展的未来趋势。

建筑“洗心革面”——三种不同的建筑改造方式

当城市更新从成片拆迁转向一栋建筑、一个地块、一条街道的改造时，城市的风貌会更加多元化。这种改造方式不仅对建筑的面貌进行了更新，其使用功能往往也进行了转变，这种自内而外的城市风貌进化可形象化地称之为建筑的“洗心革面”。本文从公共建筑更新、住宅类建筑更新和建筑加建三种类型进行研究。

公共建筑功能更新

以南京白云亭文化艺术中心、深圳云里智能园、北京万科时代中心和福州中平路十里洋场为例，其中南京白云亭文化艺术中心和北京万科时代中心都是单栋建筑的改造更新，深圳云里智能园是一个地块的整体建筑改造，福州十里洋场则是一条街道的建筑改造。虽然这些建筑更新的形式和功能都各具特色，但建筑尺度、空间肌理和场所记忆均得以保留，因此，这是一种保留历史的生长式城市更新。

公共建筑的“洗心革面”案例　　　　**表 1-3**

项目名称	南京白云亭文化艺术中心	深圳云里智能园	北京万科时代中心	福州中平路十里洋场
改造性质	副食品市场 ——文化艺术中心	物流园 ——产业孵化基地	旧购物商场 ——创意综合体	老居住建筑 ——新商业
改造前与改造后对比				
改造简介	南京白云亭副食品市场曾经是南京市重要的菜篮子工程，于1999年建成。更新成全新的文化艺术中心。在功能转移后，拆与不拆是摆在决策者面前的难题，最终都设通过前期策划成功的与政府达成了一致：将其改造成为一个文化艺术中心而不是拆除之后重建一个文化艺术中心。	园区前身为深圳坂田物资工业园，曾是深圳工业园区发展的典型代表，占地约75300平方米，建筑改造后意在打造以智能硬件与智能装备的全生态产业链工业园区。对旧有建筑进行功能置换，更新旧有建筑外立面、室内空间以及外部景观环境，全面提升其使用价值。	项目位于北京朝阳路的十里堡，原建筑为一座老旧的购物中心，改造复兴为一个充满活力的城市中心——万科时代中心。是一个充满创意的全新城市综合体。它融合精品商业、文化办公、大型艺术装置、多功能展览空间和“冥想竹园”于一体。	福州中平路地处市中心，是民国时期福州当地极负盛名的“十里洋场”，作为福州当年繁荣的缩影，承载着这座城市的独特记忆。原街道已经衰败，在保留修缮了百年民国建筑的基础上，融合了历史与现代和中西风情的时空交错。

续表

项目名称	南京白云亭文化艺术中心	深圳云里智能园	北京万科时代中心	福州中平路十里洋场
改造性质	副食品市场 ——文化艺术中心	物流园 ——产业孵化基地	旧购物商场 ——创意综合体	老居住建筑 ——新商业
改造亮点	建筑从外到内都得到提升，建筑外部打造出“漂浮的白云”的气质，建筑内整合了城市规划展示馆以及区级的图书馆、美术馆、小剧场等功能，通过对原建筑中庭空间的放大和改造，得到一个贯穿五层的中庭空间以及一个城市规划展览馆。 将原有的汽车货运坡道改造为了图书馆，挖掘了特殊形式交通空间的使用价值，被当地媒体誉为“最美图书馆”	对原建筑的空间保留和整合，使其适应新功能对空间的需求，从落后的仓储功能到众创空间、智能硬件试产基地、供应链管理到研发孵化中心、加速器再到品牌发布中心，通过全生态产业链的打造，全面加速创新型企业的产业孵化	一个阳光充沛的创意城市综合体 原建筑主体由四层规整的矩形平面构成，中间有一个服务于空间流线的小型采光中庭——这是典型的20世纪90年代大型购物商场的布局。 为了将更多的自然光线引入建筑室内空间，建筑中打造了三个共享中庭——其中两个意在增强空间的流通性，也旨在将充足的日光更好地引入楼层内部	本设计项目主体为商业包装，营造修复后古街道的新商业氛围。从建筑外立面的招牌平面设计入手，以建筑形态为元素，完美结合了街道内的民国建筑。 针对街道建筑的沿街位置，融合了历史事实，给街道商业氛围进行了重新分布。分别是拥有大玻璃橱窗面的花店、闲适小憩的咖啡店、雪茄红酒鸡尾酒于一体的酒吧、岁月沉淀后的旅店以及赋予新生命的南方日报旧址

住宅功能的更新

以广州棠下万科泊寓、北京西直门万科泊寓、山东莱阳居住集合体和哥本哈根“筒仓”公寓为例，这些建筑改造为居住建筑之前都有着不同的功能，包括旧厂房，酒店商业和仓库。如果说城市文化中心、历史街区、物流园区的改造中有政府主导改造的行政性倾向的话，那么其他功能建筑改造为居住建筑则基本上是市场行为，只有当这些改造能带来经济效益时，这种改造行为才会发生，因此，这是一种经济可持续的城市风貌更新。只要逐步完善更新政策，政府适当引导，这种市场参与的改造方式就可以呈星星之火燎原之势主导城市的风貌更新。

山东莱阳的办公楼改造为我们提供了中小城市建筑改造的样板，原建筑虽然为办公用途，但却一直被闲置，这样类似废墟的不良资产是高速城市化所带来的不可预期的结果，直到住宅市场热度回升，将办公改造为住宅才使闲置资源得以重新利用。哥本哈根的“筒仓”公寓位于北港的核心区域，当整个港口功能从工业码头转向城市社区时，原来的工业功能建筑面临着被废弃的局面。将粮食存贮的“筒仓”直接改造为住宅，这种跨越式的城市更新方式延续了城市发展的轨迹，是一种城市文化和时代需求相结合的一种方案，同时项目改造的投入低于新建建筑的成本，保障了项目的经济可行性。

居住建筑的“洗心革面”案例　　表 1-4

项目名称	广州棠下万科泊寓	北京西直门泊寓	山东莱阳居住集合体	哥本哈根“筒仓”公寓
改造性质	旧厂房——公寓	酒店商业——城市公寓	办公楼——城市公寓	仓库——公寓
改造前与改造后对比				
改造简介	位于广州棠下城中村内。原建筑为棠下六社的厂区的六栋工业厂房，改造为万科泊寓。考虑原有混凝土框架结构的模数，公寓单元是一个长宽高5.1×2.5×4.5米的盒体空间。底层是客厅区，安装有集约化的厨卫储藏及阳台晾晒，上部是卧室区，由一部钢爬梯联系。	项目位于北京西北二环以北，学院路以东的老街区内，前身是一栋建于80年代的十层老房子。前身是一座快捷酒店和洗浴中心，此次改造，建筑外立面更加时尚，更符合年轻人的审美，西直门泊寓包含300余间公寓，从最小的8.5平米的迷你公寓至26.8平米的小套房。	项目位于四线小城市山东莱阳，原构造物为一建成后从未使用过的十层办公建筑，城市经济快速发展带来了大量的住宅需求，原来的限制的办公室被全部改造成为城市公寓，外立面也进行了全新的改造。	项目位于哥本哈根Nordhavn（北港）的核心区域，整个港口经过重建完成了功能转型。建筑原先是一座工业建筑，用于粮食存储的“筒仓”。经过五十年后17层高的筒仓作为住宅公寓重获新生。公寓楼中共有38个住宅单位，面积从106平方米到401平方米不等。

续表

项目名称	广州棠下万科泊寓	北京西直门泊寓	山东莱阳居住集合体	哥本哈根“简仓”公寓
改造性质	旧厂房——公寓	酒店商业——城市公寓	办公楼——城市公寓	仓库——公寓
改造亮点	六栋楼的屋面通过新加的钢制天桥予以连接，让原本各自为政的屋面形成一个便利的整体空间。 底层为公共空间，为年轻的租客提供咨询、咖啡、健身、影音、会议等服务。	在建筑的首层，租客回家会先经过街角小广场上的咖啡厅和商业，然后沿着色彩明亮的吊顶骑楼步入镜面雨棚下面的泊寓入口。泊寓客厅丰富的共享功能提供给不同的租户多样性的选择：公共厨房，共享客厅，小剧场放映室，可供聚会用的餐厅和共享后花园庭院等，提供给租户们社交驻足的场所。	1. 四线城市经济转型的机遇，原建筑由于不合理的功能被遗弃在时代的浪潮当中，改造提供了城市未来转型与发展的另一种可能。 2. 居住集合体 新改造为一个高弹性的生活综合体，而这些单一功能空间边界的模糊化处理，使得居住空间整体具备了更多使用功能的自主性和更高的效率。	1. 从储存容器到城市焦点。“筒仓”改造是哥本哈根北港转型工程的一部分，这是一个巨大的后工业区，目前正在转型成为一个新的城市社区。 2. 采用装配式建筑改造，所有改造装置进行统一设计后，在工厂生产，在建筑安装，大大节省改造时间，降低改造中的环境污染。

“万科泊寓”——青年人的城市风貌偏好

这四个案例中，万科泊寓是万科集团下的成熟产品之一，和之前万科郊区化房地产的思路不同，万科泊寓都在市中心靠近轨道交通的位置，基本采用了老旧建筑改造的模式，这些旧建筑通过改造成为年轻化和现代感的时尚地标。广州棠下万科泊寓将城中村中闲置的工业厂房改造为住宅，提供了约600套可出租的公寓，而将近95%的入住率直接证明了项目的成功。万科泊寓是如何取得成功的？首先我们对比一下万科泊寓和同地段其他住宅的租金价格差异，分别对比北京西直门万科泊寓及同地段的索家坟小区，广州棠下万科泊寓和同地段的晨曦公寓、骏景花园小区的租金价格，如表1–5所示。

北京西直门万科泊寓户型及月租金 **表 1-5**

北京西直门万科泊寓户型及月租金				
户型	Couple	Mini	Standard A	Standard B
面积（㎡）	37.61 ~ 56.03	16.5 ~ 16.66	21.11 ~ 24.92	25.71 ~ 35.23
月租金（元/月）	6800 ~ 8100	3400 ~ 3700	4200 ~ 5100	5100 ~ 6700
平均租金价格	按照四种户型的最低价和最小面积计算，平均租金为193.2元/月平方米			

北京西直门索家坟居住小区户型及月租金 **表 1-6**

北京西直门索家坟居住小区户型及月租金（万科泊寓同小区）				
户型	2室1厅	2室1厅	3室1厅	3室1厅
面积（㎡）	57	60	80	87
月租金（元/月）	6500	7300	9800	12000
平均价格	平均租金为125.4元/月平方米			

北京西直门万科泊寓共有四种户型，按照四种户型的最低价和最小面积计算，平均租金为193.2元/月平方米[12]。

与万科泊寓同小区索家坟小区选取四个具有代表性的样本，平均租金为125.4元/月平方米[13]。

广州棠下万科泊寓户型及月租金 **表 1-7**

广州棠下万科泊寓户型及月租金		
户型	A-loft	C-loft
面积（㎡）	20 ~ 25	11 ~ 25
月租金（元/月）	2150 ~ 2649	1499 ~ 2549
平均租金价格	按照两种户型的最低价和最小面积计算，平均租金为117.1元/月平方米	

广州棠下晨曦公寓、骏景花园小区户型及月租金　　表 1-8

广州棠下晨曦公寓、骏景花园小区户型及月租金（万科泊寓同地段）					
户型	1室1厅	2室1厅	2室2厅	3室2厅	4室2厅
面积（㎡）	30	64	68	109	154
月租金（元/月）	900	4200	4500	5800	6800
平均价格	平均租金为52.2元/月平方米				

棠下泊寓共两种户型，按照两种户型的最低价和最小面积计算，平均租金为117.1元/月平方米[14]。

周边小区选取晨曦公寓、骏景花园5个样本，平均租金为54.70元/月平方米[15]。

按照租屋面积计算，可以发现北京西直门万科泊寓的租金价格比同地段的住宅租金价格平均价高54%，广州棠下万科泊寓比同地段住宅的租金价格高114%。但单位面积上的价格提升并没有提高租房者的租房成本，以西直门万科泊寓为例，对比建筑改造前的标准层户型图可以发现，原建筑的一个房间被拆分为两个房间，现在大城市的单身青年并不需要大面积的房间，而是需要更好的居住环境，更完善的房屋设备，更开放的公共交流空间，而改造后的万科泊寓往往将首层全部作为公共空间，包括休息大厅、咖啡店、书店、健身房等。虽然单位面积的租金升高一倍，但房间面积减为原来的一半，因此整体租金价格仍然保持平衡，却得到了更好的居住服务。在这种趋势下，整栋建筑的租金也会成倍提升，开发商便有了改造的经济动力。从本质上来说，通过市场参与，提供更符合市场需求的居住服务，提高现有资源的利用效率，同时改善了城市风貌，是一举多得的城市更新举措。

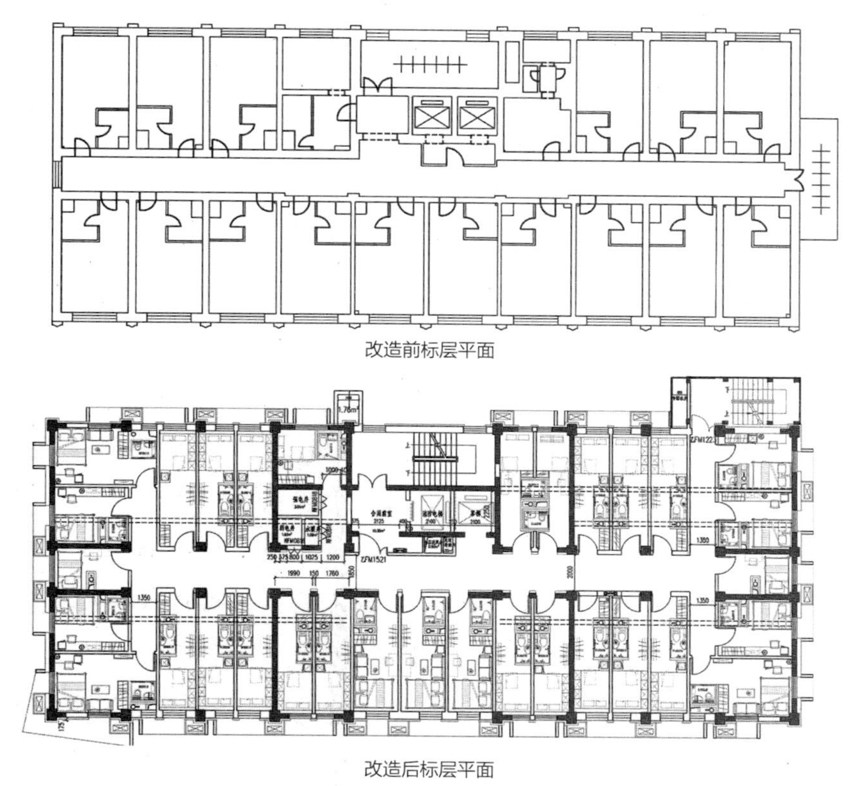

图 1-10 北京西直门万科泊寓改造前后标准层平面对比
图片来源：谷德设计网

“万科泊寓”的逆向逻辑——致繁华面具之下逃离的青年人

高房价正在对大城市的青年人产生挤出效应，而高品质的小户型住宅可以缓冲这种挤出效应。以北京为例，从2004年至2017年，20岁至34岁的青年人比重呈现出先上升后下降的趋势，在2013年达到最高35.8%，实际人口数量也于2013年达到最高的757万人，之后人口比重和实际人口数量均开始呈现下降趋势，到2017年，青年人口相比2013年减少了104万人。再对比北京房价和青年人口比重的相互关系可以发现，青年人口比重和房价成负相关关系，即两个变量的趋势相反，当房价越高时，青年人口比重越低。从2013年开始，北京房价几乎一年翻一倍的价格上涨，也是从2013年开始，北京青年人口的比重和绝对人口都开始下降。而青年人是城市创新力最重要的人力资源，这种趋势如果不加以遏制将会对北京未来城市竞争力产生重大影响，如何为青年人提供更好的住房服务是留住青年人的重要举措。政府也推出了一系列住房政策支持青年人留下，形·成“住有所居，多措并举”的方式，包括新建保障性住房和人才公寓等，但这些新建住房一般位于大城市郊区，动辄一两个小时的上下班通勤时间也成为逼迫青年人逃离大城市的重要因素之一。万科“泊寓”通过对城市核心区的老建筑的改造提供更优质的居住服务，这种老城区建筑改造的居住模式和郊区新建住宅的模式完全不同，通过改造的住宅更加靠近工作地点和轨道交通站点，也更适合青年人的居住需求，广州棠下万科泊寓将近95%的入住率证明了旧城改造模式的可行性，这种“万科泊寓”的逆向逻辑，开发老城区才是缓解高房价挤出效应更加有效的方案。这种老城区住房改造再出租的方式被称为“代理经租”，“经租”是新中国成立初期，国家机构统一经营私人住宅，再出租给无房者的一种形式，是经营出租的简称。经过了半个世纪，这种模式再次兴起。不过这次经营方不再是政府，也不再是强制经营，而是通过市场化手段运营，如“魔方公寓”“自如”“青客”和“万科泊寓”等。相当于租客和房东之间的“第三方”，与租赁房源房东签订长期合约，经装修改造后重新开放给租客，这种方式不仅提高了租房品质、增加了租房供给、也有利于建立长期稳定的租房市场。以上海市为例，2018年新增“代理经租”房源9万套，2019年继续增加“代理经租”房源的数量。

建筑的加建更新

城市风貌的更新不仅可以通过建筑改造来进行，还可以在老建筑

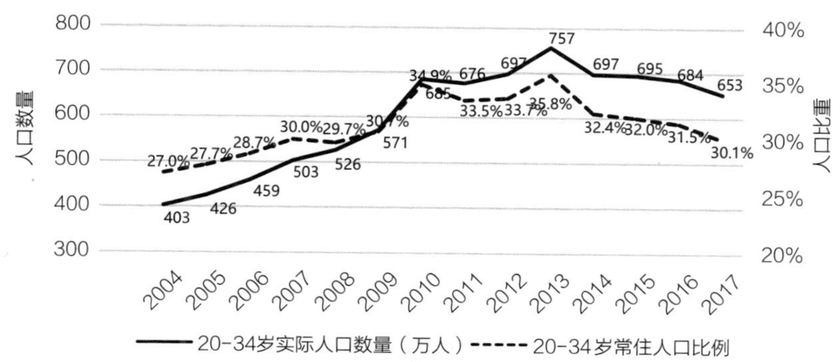

图 1-11 北京市 2004 年至 2017 年青年人口数量变化

图表来源：作者自绘，数据来源：北京统计年鉴 2005 至 2018 常住人口数量及年龄构成

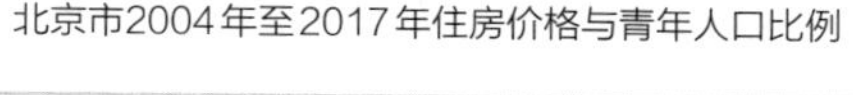

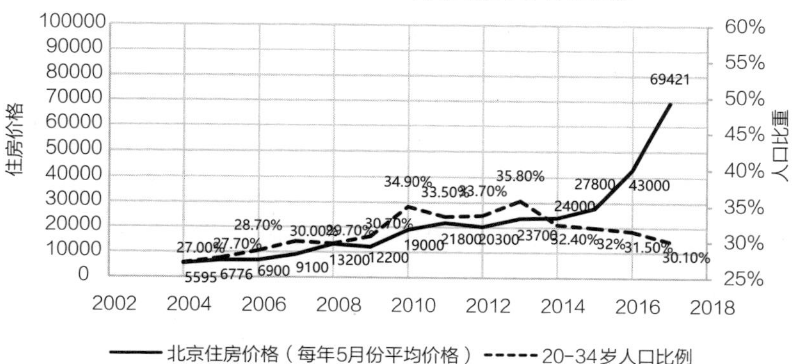

图 1-12 北京市 2004 年至 2017 年住房价格与青年人口比例

图表来源：作者自绘，数据来源：人口比重数据来自北京统计年鉴 2005 至 2018 年龄构成，住房价格数据来自伟联商业地产研究院

之间增加新建筑的方式达到一种更具创意的城市意象。以下三个案例都是以加建的方式为老街区或老建筑带来了新的面貌，其中最知名的汉堡爱乐音乐厅已经成为整个城市的地标，就像设计师赫尔佐格所说：“整件事情太不可思议了，它起始于一个人的想法，后来，这个想法获得了自下而上的支持。最后成为一个最有风格的城市建筑”。北京三里屯“将将”甜品店是利用了建筑之间的空隙加建的新建筑，通过时尚的

设计让建筑成为流量明星，为整个街区注入新的活力。德国汉堡–哈堡工业大学的主楼也进行了加建，校方并没有因为原建筑的历史建筑身份而一味地保护，而是将新旧建筑直接结合，铝叶板、玻璃立面和红砖墙的新旧材质对比带来了戏剧性的效果，新旧拼贴的建筑只要在建筑尺度、建筑退线、连续界面等要素进行控制，建筑风格多样化正是时代进步的体现，这种新旧拼贴的街道风格在欧洲城市中成为城市更新的时尚潮流。

建筑的加建案例 **表 1–9**

项目名称	北京三里屯将将甜品店	德国汉堡易北爱乐音乐厅	德国汉堡哈堡工业大学主楼
加建	旧居 + 新居（中间叠合）	仓库 + 音乐厅（上下叠合）	旧教学楼 + 新接待空间（平面叠合）
改造前与改造后对比			
加建简介	项目位于北京三里屯北京机电大院内。北京机电大院西侧与三里屯 SOHO 为邻，西北与三里屯 VILLAGE 相邻，属于高消费社区。加建建筑位于两栋建筑之间，弥补了城市街道的空隙，并为区域增添了新的活力。 功能为法式甜品店，夜晚兼具酒吧的功能。在场地之外，甲方租用场地北部香港餐厅的屋顶平台作为室外堂食空间使用，6棵加杨穿透香港餐厅屋面存在于其上。	项目位于德国汉堡，坐落市中心与港口的支点上，三面环水。随着城市的发展，废弃的码头被规划为新的城市公寓、办公室甚至大学校园，规划中唯独缺少一个文化中心，于是音乐厅由此诞生。在保留老的厂房的基础上，在上面建设现代音乐厅，同时老仓库被更新为新航运博物馆，形成垂直一体化的摩登建筑。玻璃音乐厅栖息在砖砌仓库的上方，像是在底座上的艺术品。	项目位于德国汉堡–哈堡工业大学，原建筑的体量的通过两个与原建筑的高度和规模相匹配的加建立方体所拓展。中央楼栋东侧的新建部分，缝合了因第二次世界大战造成的空隙，从而将建筑东翼与建筑主体重新相连。正对着在北面，一栋小的新建筑重新建立起建筑组群在布局和立面上的对称性。 它容纳了行政委员会、礼堂和研讨室，以及学生学习和交流中心，全天24小时开放。

续表

项目名称	北京三里屯将将甜品店	德国汉堡易北爱乐音乐厅	德国汉堡哈堡工业大学主楼
加建	旧居＋新居（中间叠合）	仓库＋音乐厅（上下叠合）	旧教学楼＋新接待空间（平面叠合）
改造亮点	建筑因两颗大树而分裂为多个不同高度的平台。大小高低各异的空间让人与树木产生不同角度的亲密接触，螺旋向上的楼梯一直穿梭在绿叶枝桠之间。 建筑里面的空间很有意思，层次感很强。 建筑和树木的关系处理上很用心，在露台上，可以触摸到树的枝叶，感觉很棒	建筑设计师们希望保留原来的仓库，将其作为一个文化印记与新建筑进行融合。并且新的建筑体希望能够反应周围的环境——大海和天空，同时保有港口文化。设计师们想到了用曲面的玻璃，借此融入流动性，唤起人们对水域的关注。建筑顶部与底部都是波浪状的起伏，仿佛凝固的海浪又让人想起迎风的风帆。	新旧建筑和谐相处，并增加了公共功能。 建筑的前厅经历了更多的改造：为了创建一个威严的入口大厅，内部空间被加宽，并将天花板打通，从而通过中轴上的入口部分为三层都提供了更多的空间和视景。

城市风貌内生革命的动力机制是什么？

万科“曼哈顿计划”的启示

曼哈顿是世界的金融中心，然而曼哈顿的面积却是固定的，曼哈顿的城市升级一直是通过建筑改造得以实现，把落后的建筑功能改造为适应于时代需求的功能，把低层、多层建筑一栋一栋的置换成超高层建筑，通过产品的改变，对城市存量进行改造，满足新的需求，使曼哈顿一直保持着世界金融中心的宝座。国内的一线城市已经面临着新增建设用地不足的情况，北京市二环内禁止新增建设用地，四环内严控新增建设用地。上海市2015年已建成用地面积为3071平方公里，其提出至2035年，城市建设用地控制在3200平方公里以内[16]，即新增建设用地仅为现状的4.2%，而且这些用地大部分位于城市郊区。因此未来中国一线城市的发展必须要走曼哈顿内生式改造的模式。

2015年，北京万科版的“曼哈顿计划”开始实施，北京万科开始论证逐步加大收购城市核心区旧有物业并进行现代化改造的可行性及其商业价值的空间评估。北京万科“曼哈顿计划”中的第一个项目“万科时代中心”的改造，实施的时间为2年，总建筑面积约4.7万平方米，原本是个传统的商场，进深大，内部封闭。最终，改造方案结合区域情况，将项目定位成了一个集精品商业、文化办公、艺术空间为一体的城市综合体。随着城市形态转变和创意阶层崛起，城市更新的边界从宏观上的城市面貌升级延伸到微观上的人文精神重塑，成为城市存量更新具有示范性的一步。

城市风貌内生革命的动力机制

首先，由于中国城市建设制度特殊性，城市增长边界的存在使存量更新成为城市唯一出路。新增城市建设用地和新增城市人口是严格挂钩的，因此中国的城市不可能出现西方城市郊区化蔓延和中心城区衰落的状况，未来唯一可行的发展方式即存量更新模式。

其次，城市风貌的内生革命是市场经济导向的。事实上，城市存量改造并不是城市建设用地开发完之后才开始进行的，而是当存量改造的边际效益大于新增建设用地开发的边际效益时就已经开始了。老城区拥有更好的区位环境，交通条件，而仅仅是因为建筑陈旧而产生了空间资源的浪费。当建筑改造的成本低于闲置资源再利用的收益时，存量更新自然会受到资本的追逐。政府应提出城市规划引导和相应的鼓励政策，积极支持开发商参与城市更新，鼓励市场竞争，形成资源进行最优化配置，使存量空间产生最大化的经济效益。当然，政府应该主动承担起那些无法产生收益的公共产品，如文化馆、体育馆、市政道路等。星星之火，可以燎原，城市风貌渐进式的更新具有时空延续性，虽然最终也会改变整个城市的风貌，但城市风骨依存。

注释

【1】 许学强，朱剑如．现代城市地理学［M］．中国建筑工业出版社，1988.

【2】 刘春成．城市的崛起［M］．中央文献出版社，2012.

【3】 卡洛·M·奇波拉．欧洲经济史．第三卷［M］．商务印书馆，1989：24.

【4】 图表来源：谈明洪，李秀彬．世界主要国家城市人均用地研究及其对我国的启示［J］．自然资源学报，2010，25（11）：1813–1822.

【5】 国外数据来源：2014 年日本总务省统计局，中国数据来源：国家统计局，2016 年全国居民收入稳步增．居民消费进一步改 http://www.stats.gov.cn/tjsj/sjjd/201701/t20170120_1456174.html，2016 年中国城镇人均居住面积为 36.6 平方米，按照得房率 75% 计算，人均住宅面积为 27.45 平方米.

【6】 数据来源：《北京城市总体规划》（2016—2035 年）.

【7】【10】 数据来源：国家统计局.

【8】 李浩.周干峙院士谈“三年不搞城市规划”［J］.北京规划建设，2015（2）：166–171.

【9】 李浩．“一五”时期的城市规划是照搬“苏联模式”吗？——以八大重点城市规划编制为讨论中心［J］．城市发展研究，2015，22（9）：1–5.

【11】中国数据来源：国家统计局，2016 年全国居民收入稳步增长．居民消费进一步改 http://www.stats.gov.cn/tjsj/sjjd/201701/t20170120_1456174.html.

【12】【14】 数据来源：万科泊寓官方网站，https: //www.inboyu.com.

【13】【15】 数据来源：链家官方网站，www.lianjia.com.

【16】数据来源：《上海市城市总体规划》（2017—2035）.

第二章〈

动脉——城市道路不是必需品

20 世纪 70 年代西方一个著名的漫画，漫画里画着一个堵车的街道

外星人来到地球，得出了结论

控制这个星球的主要的生物是有四个轮子的方盒子

而每一个生物里面都有一个偶尔直立行走的寄生虫

那是那个年代，西方人对于汽车的焦虑

在 21 世纪

城市中汽车焦虑依然存在

好在人们已经行动起来

节序
——城市道路不是必需品

城市道路不是必需品，城市交通才是，在日常的认识中，“道路”和“交通”往往被混为一体，解决城市“交通”的方案不止建设“道路”这一种方案，这就是本书中将谈到的为什么将高架路看作动脉“支架”；为什么“揭盖复涌”“重塑清溪川”不会影响城市交通；为什么道路的人性化改造如此重要。城市改革，观念为先，而只有将两者区分开来，才能确立正确的城市交通观，才能以新的视角来看待目前城市交通中发生的一切“乱象”。

本章节将讨论全球城市的交通方式变迁，包括全球代表城市的高架路时代命运，车行道和步行道的博弈，公共交通为城市带来的可持续发展革命，以及滨河路的人性化改造。这些全球的优秀案例都会给中国的城市交通发展提供借鉴思路，同时中国的城市模式是独一无二的，必须发展适应中国城市空间模式的交通体系，从借鉴到创新，需要理论、技术和实践，本书旨在寻找这些可能适合中国特色的创新城市交通模式。

动脉支架？
——立体交通的反思

动脉支架？——立体交通的反思

中国城市从规模较小的旧城发展成现代化大都市，基本上借鉴了西方的城市规划理论，在现代主义浪潮下勇往直前。然而当西方城市的发展理念开始转弯的时候，中国的城市却像开足马力的列车，仍然在持续高速直线前进。中国城市建设并非要完全走西方城市的道路，然而适时回顾和反思更容易让我们看清楚城市发展的时代进程，让我们反思什么是正确的，什么是无意义的。

螺旋向上的首尔

首尔是一个神奇的城市，尤其是首尔城市内部的高架路，如果你最近去首尔旅游，然后在VISIT SEOUL.NET里查看首尔徒步观光，其推荐的最重要两条游线，一个是首尔路7017，另一个就是清溪川，这两个项目支撑起了首尔步行城市的发展战略。

在日本殖民时期（1910—1945年），清溪川在韩语中的意思是清澈的山泉，沿清溪川两侧建立了大量的棚户区，然而几十年的污水排放和垃圾倾倒使清溪川散发着恶臭的气息，令周围居民苦不堪言。

图2-1 首尔清溪川百年变迁

当局并没有对河道进行治理，而是把河流盖起来，看起来似乎是脑回路奇特才会想出来的办法，1958年开始对清溪川的全方位填埋，形成了混凝土路面，1967—1976年间又在其上修建了快速高架路。然而在中国广州也出现了类似污染情况的河流，当局也是一盖了之，这在之后的章节——“重见天日”中会详细阐述。时代总是螺旋向前发展，从2003年开始拆掉高架路，清溪川再次恢复清澈的溪水河流，重见天日的清溪川为首尔带来的巨大的荣誉，清溪川在世界上的知名度堪比纽约高线公园。

● **盛誉的背后**

以上是我们在媒体中经常看到的消息，然而在华丽变身的清溪川背后还有一条不为人知的河流也被高架路覆盖了。在河道上方造高架快速路成了首尔的独门秘籍。从1958年的填埋掩盖到2003年恢复清溪川，清溪川重见天日花了45年，那拆掉汉川身上的内环高架路还要花多少年？为什么首尔总是在河流上方造高架路？这也许和城市的土地制度相关，当难以拆迁私人用地时，河道空间就成了唯一选择。如果

图 2-2 重见天日的清溪川和仍被覆盖的汉川——不同命运的两条河流

说河岸代表了城市步行空间公共利益，高架路代表了城市机动车空间公共利益，那么在20世纪中后期飞速发展的工业时代，机动车代表的快速、高效和现代化侵占了城市的角角落落，此时高架路是文明的象征，直到新世纪人本位思潮的再度觉醒，高架路带来的噪声，交通污染，城市隔离，以及对行人的极度不友好型逐渐超过了其带来的交通便利性，才逐渐开始了公共利益的时代转换。

- **高架并没有那么重要**

清溪川高架路在拆除之前，每天通行大约16万辆车，而在拆除之后，并没有发生预计中的交通瘫痪，在没有备选交通干道进行疏解的情况下，仅通过改进居民的出行方式，例如增加公共交通，鼓励步行和自行车出行，就可以弥补一条高架路的缺失。或许我们总是过高地估计了高架路的重要性，如果将城市交通系统看作城市的动脉，高架路则是动脉的支架，只有孱弱的病人才需要动脉支架。当城市的交通需要通过更多更密的动脉支架来支撑时，那么其离涅槃重生也不远了。

返璞归真的西方城市

中国城市的高架路在西方城市早就出现，而现在其似乎开始往回走，或者说是弥补城市建设的过错。

美国：

美国大多数城市是建立在私人汽车之上，连接市中心区超高层办公楼和郊区别墅之间的高速路更是美国城市的特色，高速公路往往直接穿越城市中心。在20世纪70年代，后现代主义运动开始对现代主义进行全面反思，在此基础上恢复中心城区活力和拆除中心城区高速路成为社会的主流声音，1961年出版的《美国大城市的死与生》是城市人性关怀启蒙最重要的火花。

● **至幸曼哈顿**

纽约也和美国的众多大城市一样，高速公路和高架路网在城市内网状蔓延，20世纪60年代提出的曼哈顿高架计划遇到了城市人文思潮的觉醒，以简·雅各布斯为代表的反对高架路运动派取得了胜利，使得的曼哈顿成为免受高架路网打扰的一片净土。曼哈顿高架路计划提出的时机刚好遇到了人们对现代主义的反思，最终还是依靠大运量的地铁交通得以解决出行问题，其拥有世界上密度最高的地铁网，甚至使曼哈顿的地面道路有机会迎来去机动车化的改造。

图2-3 四通八达的高速路像一张网笼罩了纽约市

图2-4 未建成的高架——曼哈顿下城高架路计划

图2-5 曼哈顿局部路段去机动车化改造

浴火重生的波士顿——20 世纪波士顿大开挖（Big Dig）

波士顿是美国典型的汽车城市，第二次世界大战后美国进入到黄金时代（20世纪50年代到70年代），小汽车文化极盛一时，很多城市修建了从市中心到郊区的大量高架路工程。1959年，波士顿修建了穿越市中心的高架快速路，仅仅过了30年，人们再也无法承受高速路产生的噪声、污染的影响。从1991年开始对高架路进行改造，将波士顿架空高速

图2-6 波士顿大开挖前后对比一
BEFORE：中央动脉高速公路（The Central Artery），2004
AFTER：玫瑰肯尼迪林荫道（The Rose F. Kennedy Greenway），2012

图2-7 波士顿大开挖前后对比二
BEFORE：中央动脉高速公路（The Central Artery），2004
AFTER：玫瑰肯尼迪林荫道（The Rose F. Kennedy Greenway），2012

干道全线埋入地下，之后在原高架路的地上部分建一条绿色廊道，使之变成城市公共空间。美国波士顿大开挖工程是20世纪美国最大的城市工程，整个工程共有2万人直接参与，历时15年，耗资220亿美元才基本完成，其超高的难度和巨大的投资堪称一部跨世纪的神话。纠正城市建设的错误需要付出如此巨大的代价，而正在如火如荼进行中的中国城市核心区的高架路计划是否会应该更加谨慎和重新思考。

迟来的西雅图滨海高架路改造——阿拉斯加高架路

西雅图阿拉斯加高架路1952年开始建设，1959年开通，直到1966年所有匝道才全部建设完毕。西雅图滨海区的双层高架路将城市和海湾隔离开，像是一条百足虫蜿蜒穿过最美的海湾和城市中心区。其影响了滨海的景观，侵占了滨海的绿地空间，建成之后一直遭受市民的诟病。因此在1972年就开始论证拆除高架路的可行性，经过漫长的论证和

图2-8 建设中的西雅图阿拉斯加高架路

市民讨论，2011年8月，美国联邦高速公路管理局批准了SR99隧道的方案，地下埋深36米，长度2.8公里，上下两层，双向4车道。西雅图正在追赶时代的步伐，99号洲际隧道将在2019年之前开通，隧道开通之后阿拉斯加高架路将拆除，选择了地下隧道的方式来代替高架路将成为城市中心区的高架路未来宿命，这和城市电缆下地是同样的道理，将地面留给人类，而不是通行的电力或车流。

图2-9 西雅图阿拉斯加高架路拆除前后对比

西雅图阿拉斯加高架路拆除前后对比效果

西雅图阿拉斯加高架路拆除前后对比效果

旧金山滨海区再生——从高架路到地面轻轨

和西雅图滨海高架路类似，旧金山的Embarcadero高架公路也有三层结构。直到1989年洛马普列塔地震破坏了局部高架路段，该市终于有机会投票拆除掉这个城市中的怪物。现在，该高架公路变成了一条宽阔的棕榈林荫大道，中间有地面轻轨道。拆除后，通过地面和地下公共交通解决了交通出行，周边地块物业价值均得到提升，可见高架路并非必需品。

图2-10 旧金山 Embarcadero 高架公路拆除前后对比

欧洲：

在20世纪后半叶，欧洲很多城市也经历了疯狂的高架路入侵，但欧洲的人文主义觉醒明显比美国更早，荷兰阿姆斯特丹在经历了疯狂的汽车时代后重新进入的自行车时代，丹麦哥本哈根建设了世界上第一条空中自行车道，很难想象今天欧洲的城市曾经高架路绕城的景象。

欧洲的后现代主义抗议活动

欧洲有大量抗议小汽车的运动，在2015年欧洲的交通论坛周上，来自拉脱维亚的“LET'S BIKE”团队上演了一场颇具创意的抗议活动，在拉脱维亚首都里加的街道上排满了手工打造的汽车骨架，他们被扛在骑行者的肩膀上。竹子被连接在一起形成汽车的骨架，并涂以醒目的颜色。这个骨架远远超出一个骑行者的宽度，真实地展现了驾驶小汽车和骑自行车对道路空间占用的差距，讽刺了小汽车对道路空间的浪费，尤其是一个人驾驶的小汽车。

图2-11 拉脱维亚的“LET'S BIKE”团队的小汽车抗议运动

● **荷兰阿姆斯特丹**

阿姆斯特丹是名副其实的自行车城市，而其也经历过小汽车的冲击，建设了多条高架车道，例如科斯特弗洛伦运河东岸曾经建设了高架路，高架路成为不协调的闯入者，注定其昙花一现的命运。

图2-12 阿姆斯特丹高架路拆除前后对比

● **西班牙马德里**

2000年，马德里曼萨雷斯河改造项目正式启动，旨在恢复曼萨雷斯河两岸自然景观和历史风貌。河两岸有几处历史建筑，包括市内最古老的桥——Ermita Virgen del Puerto和Puente del Rey，但在汽车时代依然建设了M-30高速公路，最终，历史的进程使自然，历史和人文重新融合在一起，汽车和快速路只是历史大河中的一朵不合时宜的小浪花。

图2-13 马德里曼萨雷斯河岸改造前后对比

中国——城市高架路进行时

在中国很多城市的宣传片，都把复杂的城市立交，川流不息的快速高架车流作为城市的形象。官方似乎认为高架路代表了现代化的发展速度，是城市的时尚名片。以更长的历史维度来看，高架路的出现是自以为是的科技产物，其可替代的出行方式包括地下隧道、地铁和地面公交等，未来技术再进步，城市高架路必然湮灭在历史中，其根本性的错误在于车和人抢空间，抢本属于人的新鲜空气、清风拂面和洒落的日光。

- **进击的广州——层层叠叠的环市路高架**

以广州的环市路为例，城市建设强度越来越高，环市路从1978年的地面一层，到1988年的地面加一层高架路，发展到1998年的双层地面高架，最后到2008年地面加三层高架体系的形成，如果这不是最终形态，那么未来还有四层，五层的高架路建设。这是一种典型的现代主义的发展思路，膨胀的交通需求与膨胀的道路供给之间的竞赛，两者相争，受伤的是却是城市本身。超大规模的高架路系统不仅割裂了城市空间，形成暗无天日的地面空间，还带来了交通噪声、汽车尾气，留给两侧的居民和步行者十分恶劣的体验。

高架路的反思——动脉还是动脉支架?

本书并非反对高架路本身，而是反对高架路和人抢空间，反对把高架路修建在市中心和居民区，有着800多万人口的伦敦，城市核心区内至今也没有一条高架路。然而中国城市建设的事实往往相反，各个城市高架路规划正在密集出台，“七纵八横”或者“八纵七横”的高架快速路结构是我们经常听到的城市道路建设口号，似乎没有完善覆盖的高架路就不是发达的现代城市。交通系统是城市的动脉，动脉负责

图 2-14 广州案例——广州环市路

图 2-15 上海市内环高架路

把血红细胞运送到全身各处，交通系统负责把“人”运送到城市各处，而不是把“车”运送到城市各处，一字之差是价值观的冲突。如果未来人的出行不再依靠城市道路，而是采用地下隧道、地铁或是是未来方式的公共交通，则城市道路不是城市的必需品，城市高架路就不是城市的动脉，只是现阶段城市病的动脉支架而已。

未来城市是“平”的

20世纪70年代西方一个著名的漫画，漫画里面画着一个堵车的街道，外星人来到地球，得出了结论，控制这个星球的主要的生物是有四个轮子的方盒子，而每一个生物里面都有一个偶尔直立行走的寄生虫，那是那个年代，西方人对于汽车的焦虑。

在科技发展的今天，现代技术让人类不再委曲求全或是向折衷主义投降。当人文主义和更便捷的交通出行相冲突的时候，创新是最佳的选择。未来城市是“平”的，把城市平整的地面留给人类，把地下空间留给交通。让人们在地面可以享受城市惬意的休闲空间和繁华的步行街道；在地表之下让交通快速无干扰的顺畅流动。

纽约畅想
——把滨河空间留给市民而不是汽车

现代城市的滨水区往往具有三种功能：防洪、交通和生态休闲。其中防洪功能具有一票否决制，防洪成为滨水区必须满足的条件，而防洪和滨河交通具有相同属性，可谓一拍即合，将防洪堤和机动车道结合起来，两者具有相互叠加强化的效果。而生态休闲即不是首要考虑的因素，也不是必要功能，因此，城市滨水区往往被交通化的防洪堤侵占，而市民的生态休闲成为被牺牲的一方。

图 2-16 现代化滨水交通

然而“城市人文主义”的觉醒开始为滨水区提供更多的可能性，滨水区功能不再是简单化的取舍，而是通过创意性设计达到一种复合化的多功能融合。在这方面纽约畅想和杭州实践就是上佳案例。

纽约畅想——“BIG U”：“伪装”的防洪堤

2012年，飓风桑迪袭击纽约，造成了43人死亡，9万余座建筑被淹没，200万人流离失所，最终经济损失高达190亿美元。使纽约市政府与联邦政府邀请设计界以创造性的设计手法，一同为保护海岸与其居民不受洪涝灾害的影响而出谋划策。“Big U”方案在曼哈顿区域的竞赛中脱颖而出，夺得头筹。BIG U环绕曼哈顿下城而建，对于4.3米高的防浪堤的综合化处理是项目的关键，将滨水交通、休闲娱乐和防洪有机地结合在一起，将防浪堤改造为一个“伪装”成公园的防洪基础设施，为低洼和脆弱的地形提供了保护，作为一个“不让人察觉到的洪水屏障”，它的作用除了抵御洪水，更侧重于改善公共领域，提升社会与环境的效益，为当地带来所需的文化、休闲与社会经济效益。

图2-17 环绕纽约曼哈顿半岛的“BIG U”整体方案鸟瞰

图 2-18 “BIG U”C1 段改造方案

沿罗斯福快速路新规划了4.6米防洪堤，台阶式的防洪堤结合道路上盖形成了更多滨水生态休闲空间，为市民创造了无机动车干扰的惬意公共空间，同时罗斯福快速路以更高车速的隧道形式存在，提高了交通通勤效率，这一方案将防洪、机动交通和生态休闲三种功能完美融合。

图 2-19 “BIG U”C3 段改造方案

在适合的地段用亲水建筑作为防洪堤。而这种亲水建筑可以为市民创造新奇的空间体验。

杭州实践——花城滨江最美跑道

钱塘江横穿杭州市区，滨江区提出了“花城滨江”的策略，其最重要的实施空间即在沿江区域，结合滨水公园为行人打造出了“樱花大道”、“紫薇大道”等空间，被市民称为“最美跑道”也成为杭州马拉松路线的重要一环。升级版的“最美跑道”总长度达到17.4公里，共形成了33公顷的滨江景观带。

设计的力量

纽约市政府与联邦政府组织竞赛的主题为“REBUILD BY DESIGN”，其希望通过设计的方式来解决综合性的问题。日前，“BIG U”即将进入第一阶段的施工。而长约16公里的“BIG U”滨水方案提供了更多的滨水区改造方案，而每一种方案都不是单一的解决防洪功能或交通功能，而是融合考虑所有的需求，再通过设计的方式让理想实现。被市民称为“最美跑道”的杭州滨江区景观带也证明了一个好的设计可以为滨水区带来更多附加价值。好的设计可以为城市带来更综合的正向价值，而简单粗暴的设计只会带来社会割裂、生态破坏和消极空间，我们还有什么理由不再重视设计的力量呢？

跨越 20 年的邂逅
——巴塞罗那改造与上海外滩改造

巴塞罗那滨海区域改造完成于1990年，上海外滩改造完成于2010年，如果将滨水区域的改造看作是上海和巴塞罗那的进入后现代主义城市的标志，期间相差整整20年，改造之前滨水道路都是双向十车道以上，宽大的马路隔绝了城市和滨水区域的联系，而巴塞罗那开始拆除双向十二车道的哥伦布大道时，上海外滩的双向十车道才刚刚开始扩建，然而过了20年，上海外滩改造和巴塞罗那改造策略如出一辙，这其中必然存在某种联系，这种联系排除了偶然性，在世界多个滨水城市中实践相同的路径。

巴塞罗那改造——Moll de la Fusta地区改造

巴塞罗那滨海地区的改造是从现代主义到后现代主义的典型案例。在12至14世纪，巴塞罗那进入繁荣发展期，成为当时地中海沿岸重要的港口和工商业城市，19世纪的工业革命使巴塞罗那进入工业化时代，成为西班牙最重要的工业城市，临海区域建设了大量港口码头和工业设施，但19世纪中期开始的工业化向后工业化转型以及公路和铁路的建设，使巴塞罗那大量的物资流通转向铁路和公路，生产区域开始向临近铁路和公路的区域转移，滨海区域原有的工厂、仓库、码头等逐渐废弃，而滨海工业造成的污染依然存留。20世纪中叶，随着城市郊区化发展，滨海区域进一步没落。

20世纪80年代，当局已经意识到滨海区域的衰落，如何复兴滨海地区成为城市发展的重点。借助1992年的奥运会的契机，巴塞罗那政府提出了“城市拥抱大海”的城市发展决策。20世纪80年代开始滨海区的规划改造，木材码头（Moll de la Fusta）道路在改造之前，曾经是隔离临水区与城市的12车道的环城路，整个临水区充满了集装箱和工业设施。1987年开始施工，到1990年基本改造完成。规划将滨河十车道的快速路改造成以地面公交、地下隧道、轨道交通、小汽车和步行绿道相结合的滨河带状走廊，从专一的小汽车发展到混合交通的利用，尤其注重行人的步行空间和滨河的绿化景观，使滨河地块再现活力。同时将环城路与城市通往海滨的三条路交叉的地方下沉，将机动车道设置在地下，地面改建为步行空间，使得老城区与海边能以步行通达；其余道路则通过对街道断面的改造，利用地势起伏和种植植被等减少机动车对步行空间的干扰，并充分利用散步道连接港口商业区、奥运村等功能空间及各景观节点。通过景观设计的特色性和服务设施的多样性，使得散步道成为滨海区一大亮点。今日巴塞罗那滨海区域有42层高的奥运村、滨海花园、游艇港、蓝天碧浪，白沙海滩，成为市民和游客最喜爱的地方。

上海外滩改造——“中山东一路改造”和“亚洲第一弯拆除”

自1840年开始上海外滩作为中国五个通商口岸之一对外开放，列国分别在外滩建立了租界，19世纪后期开始，外资和华资银行在外滩成立，外滩逐渐成为东方的贸易中心和金融中心，有“东方华尔街”之

图 2-20 巴塞罗那改造前后对比

称。至20世纪，外滩成为一块风水宝地，各国建筑师在这里大展身手，因此外滩又有“万国建筑博览”之称。外滩的中山东一路也经历了时代变迁，从19世纪的马车时代，20世纪初的汽车时代，20世纪中期的公交车、小汽车、自行车混行时代，20世纪后期的高架路小汽车时代。直到2010年之前，外滩从未真正地成为“城市人”的时代。借2010年上海世博会契机，外滩开始新一轮的改造。

图2-21 上海外滩改造前后对比

中山东一路改造

中山东一路作为外滩最典型的城市道路，其从未停止过改造，从1990年到2010年的100多年间就经历了12次改造，平均不到10年就要改造一次，本文研究最近一次“小汽车时代”向“城市人时代”的改造过程。中山东一路由1997年的双向十车道改为2010年的双向四车道，其他的地面空间改为景观带、步行道和观景平台，并降低的滨河绿化对空间的遮挡，使滨河景观更加通透。在地面改造的同时建设外滩隧道以增加区域车行交通通行能力，外滩隧道（Bund Tunnel），是位于上海外滩地下的城市快速路。南起中山南二路老太平弄，沿中山南二路、中山东二路、中山东一路、吴淞路至海宁路，全长3.3公里，其中在延安东路和长治路各有出入口，外滩隧道于2010年3月28日正式建设通车。改造过后的中山东一路使地面车行交通，人行道、滨河景观、滨河活动空间更加有机结合在一起。

“亚洲第一弯”拆除

由于延安东路高架外滩下匝道拥有最好的车行景观，开车可以欣赏到最美的浦东新区的江景，因此被称为“亚洲第一弯”，“亚洲第一弯”是延安高架路东段工程的一部分，延安高架路东段工程是上海“九五”期间实施的重要城市基础设施项目，西起石门一路，东至延安路外滩。1996年7月28日开工建设，1997年11月28日建成通车，全长3.06公里，投资13.4亿元人民币。2008年2月23日拆除，使用仅10年3个月就被拆除。亚洲第一弯拆除以后，原先的亚洲第一弯的位置成为外滩隧道的南部入口处，车行景观从风景秀丽的“亚洲第一弯”转变为地

图2-22 亚洲第一弯拆除前后对比

下隧道。从高架路到地下隧道，从车行优先到行人优先，城市通过技术手段解决交通问题，同时保障了地面人行空间。

跨越20年的邂逅——不是偶然而是必然

滨水空间改造的历史必然性：产业变迁的结果还是人文主义的胜利？

在工业化时代，滨水空间更多与交通、货运、港口相联系，滨水工业区发达。随着陆运交通的发展，工业区的外迁导致了滨水区的衰落，滨水区仅仅作为城市车行通道的作用，而到了后工业化时代，人们对汽车的认知发生转变，滨水空间大多变成公共活动空间还给步行者。这时候我们或许可以宣言："城市进入到人文主义的新时代"。或许宣言的背后还有一丝疑惑，这是产业变迁的结果还是人文主义的胜利？两者看似并不矛盾，却有着主动和被动之分。

如果巴塞罗那没有举办1992年的奥运会，上海没有举办2010年的世博会，巴塞罗那滨海区也会改造，上海外滩也会改造，重大事件促进了城市更新，但却不是城市更新的原动力。巴塞罗那滨水区在20世纪至少经历三次重大的空间改造变革，外滩从1990年到2010年的100多年间就经历了12次改造，平均不到10年就要改造一次。我们必须从永恒不变的城市本质意义中寻找城市空间变迁的规律。

以巴塞罗那为例，城市滨水区的发展经历了从兴起、衰退、荒废到再开发的循环过程，滨水地区产业的变迁延续着"港口码头—工业生产—运输廊道—休闲游憩"的演变路径。借助于1992年奥运会的举行，巴塞罗那政府提出"城市向大海开放"的理念，改造原来废弃的木材码头成为奥运村的主要用地，促使滨水区域住宅用地、娱乐用地、休闲用地及混合型商业用地的大发展，滨水住宅新区以新建的两栋42层的高楼、1854套住宅和220套商务用房构成的奥运村为主，其中运动员村配合了住宅的需求，在奥运会结束后，由于滨海区完善的设施和良好的资源环境，使得该区吸引了大批中产阶级前来居住，并由此带动了滨海区成为真正的新兴地区。在改造过程中人文主义成为重要考虑的要素，然而人文主义的需求并非推进改造的原动力，只要休闲产业能为城市带来更多的税收，同时又能满足市民需求，施政者何乐而不为呢？很悲观的说，人文胜利只是产业变迁的附属品，而不是主导者。

城市休闲空间本质的时代变迁

在原始社会，以狩猎为生的原始部落信仰万灵论。在农业社会，各种各样的造物神成为人类的信仰。在工业化以后至后工业时代来临之前，宗教成为人类的主要信仰。因此在不同生产力条件下，人类有着相对应的信仰和精神寄托，而不同的信仰和精神寄托所需要的空间载体也有所不同。城市化是伴随着工业化发展起来的，在工业时代，人类自身的价值体现和精神追求并非是最重要的，在西方城市中，城市的公共空间不是海滩和公园，而是教堂和中心广场，世界知名的巴塞罗那大教堂（Barcelona Cathedral）和教堂广场就是最典型的公共空间；在中国，工业化时期的城市公共空间也不是滨河地区，而是大广场和大轴线。进入到后工业化时代，知识经济和创新产业的发展需要进一步打开人类的精神枷锁，生产力才能进一步解放，人文主义才战胜了“万灵论”和“上帝宗教”，成为人类的新“宗教”。如果用一句话概括人文主义即：“万物发展皆以‘人’为尊”。人类不再受到各种崇拜限制，开始注重人本身的精神需求，自然休闲空间才正式成为城市的公共空间，因此滨水地区的人文主义改造从本质上来说是生产力进步的表现。

其他城市滨水区案例

全球城市中，后工业化时代城市滨水区更新的案例不在少数，以下将继续列举几个优秀的改造案例。

世纪工程——香港中环湾仔绕道

香港岛北岸的中环湾仔临海区域寸土寸金，香港自然不会放过在此地的精细化发展，其不仅在临海区域进行了填海工程以拓展城市用

图 2-23 香港中环湾仔绕道

（灰色实线为中环湾仔绕道的地上道路，灰色虚线为地下隧道部分，地下隧道是地面滨海长廊的基础，共同为香港建设世界城市创造机遇）

地，还提出了海底隧道的交通工程以保障其交通通行能力和地面的人性化城市空间。其推出了一项世纪超级工程《中环及湾仔填海计划》，计划内容包括填海工程和地下隧道，其中填海工程均已完成，地下隧道工程也将于2018年底至2019年初完成。绕道全长4.5公里，其主体工程以3.7公里的隧道横贯中环和湾仔填海范围，以期将珍贵的滨海土地留给市民和建设用地，该绕道完成以后，可是区域交通变得更加顺畅，而无需进入城市地面核心区，新增的土地将会发展地面滨海长廊，以增加城市的吸引力。

罗安达湾滨海带的复活

罗安达是安哥拉的首都，罗安达湾一直是城市最重要的公共空间，随后无序的车行交通发展形成了海湾和城市的割裂。21世纪，COSTA LOPES设计公司为罗安达的滨海区改造提出了一个滨海花园的构想，新生的滨海带3.5公里长、占地51万平方米，新城市公园取代旧的海滨长廊为罗安达的公共生活提供支持，并将其活力辐射到周围其他公共空间中去，与城市公共空间连为一体。设计在配备新的基础设施之外还增加了新的植被系统，一系列与城市公共空间相连的广场以及人行与自行车道，为市民集会、休闲、运动提供空间，为市政设备、设施提供场所。它的存在让更广泛的社会互动成为可能，并且促进了娱乐和文化活动的发展。重塑了绵延的城市沿海界面，使一度消失的公共空间重生。这一案例的重点在于滨海地区的人文主义的重生，为市民提供了游憩、休闲和运动的场所，也打造成了城市的新名片。

图 2-24 罗安达湾滨海带改造前后对比
（2009 年 1 月，疯狂的小汽车发展塞满了城市每个角落
2013 年 2 月，建成的滨海花园带，车行道井然有序，滨海步行休闲重生）

图 2-25 罗安达湾滨海带修复后的美景

图 2-26 罗安达湾滨海带修复后的美景

Ilha do Cabo
Chicala
Praia do Bispo

十年三次变迁——广州珠江啤酒厂沿岸景观改造

为迎接亚运会，广州珠江沿线进行了景观整治，位于亚运会开幕式对岸的珠江啤酒厂成为改造的重点，新建了覆土休闲建筑以及滨水休闲广场等开放性的公共空间。项目改造是成功的，但更精彩的是珠江啤酒厂滨水区的形态变迁，随着产业和交通的发展，在2005年到2015年的10年间进行了三次空间形态变迁，为我们研究产业和空间的互动提供了绝佳案例。

2005年，珠江啤酒厂临珠江发展，珠江水运为啤酒厂的发展提供了交通便利。

2009年第一次变迁：随着城市的扩张，城市交通的延伸，珠江啤酒厂占据了滨江交通空间，而珠江啤酒厂又有珠江水运的需求，因此滨江路在珠江啤酒厂做了隧道下穿的处理，由此可见，当滨水道路遇到滨水产业需求时，增加道路投资，隧道下穿成为妥协办法。

2010年第二次变迁：借2010年广州亚运会契机，珠江啤酒厂珠江沿岸形成了开放的公共空间，成为市民滨水休闲的好去处。

2015年第三次变迁：然而从2010年到2015年，不到5年的时间，啤酒厂扩建，休闲景观被拆除，珠江啤酒厂发展的重要性再次超过公共空间。滨水休闲带被拆除，重新拓展为啤酒厂的货运码头。

重要滨水区域的道路下穿可以带来一举两得的效果，即满足了区域交通通行需求，又保障了滨水地区的公共休闲空间。但这种解决思路增加了建设成本，目前仅在少数城市和地区采用。而休闲需求只是软需求，面对交通硬需求时，总是成为被妥协的一方，只有休闲需求的附加值超过了建设成本，这种做法才会被普遍接受。

图 2-27 广州珠江啤酒厂沿岸景观的十年三次变迁

图2-28 迎接亚运会珠江啤酒厂改造后的公共空间

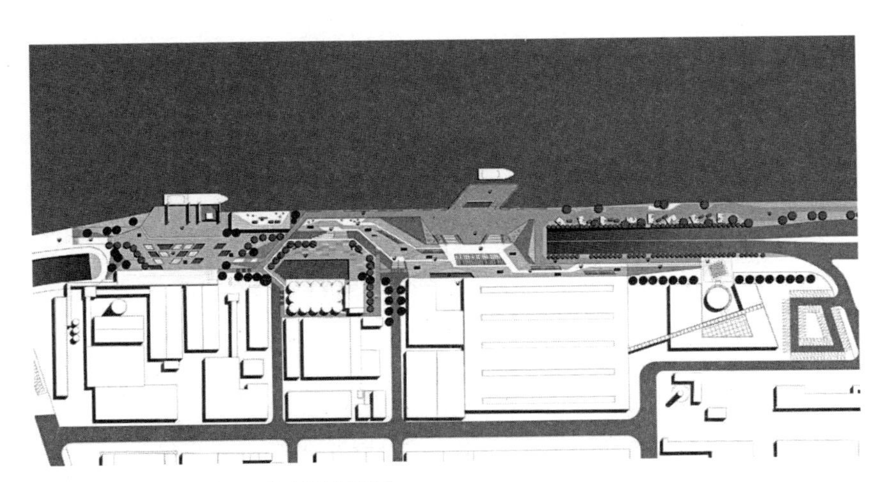

图2-29 珠江啤酒厂珠江沿岸改造设计平面

库里蒂巴
——用五条快速公交线成为世界可持续发展典范

库里蒂巴：一个完美的自上而下规划实践城市

如果说一个城市能完整的实践一套城市规划理想并取得成功，那么库里蒂巴（Curitiba）就是最佳代表城市。

1964年库里蒂巴举行了城市总体规划竞赛，由圣保罗建筑师Jorge Wilhelm制定的总体规划成为中标方案，此后成立了城市规划研究院研究实施总体方案，此时的研究院院长贾米·勒讷（Jaime Lerner）正是未来的市长，而总体方案也是直到贾米·勒讷当选市长之后才开始正式实施，规划中提出了沿五条快速交通轴线进行高密度开发，其余地区控制建筑高度和开发强度；以人为本而非以小汽车为本；改造旧城以创造更好的生活。我们从现在的城市面貌可以看出库里蒂巴完整的实施了当初的规划，库里蒂巴的BRT系统仅用了地铁模式的1/10资金和1/3建设周期，达到了和地铁一样的效果，拥有了“路面地铁”（Surface Subway）的美称。节省的道路空间可以用来建设城市公园，库里蒂巴人均绿地面积从规划实施前的人均0.5平方米增加到现在的人均51.50平方米，城市中

图 2-30 库里蒂巴规划图（沿五条快速公交线高强度指状发展）

图 2-31 2018 建成区影像图，充分实施了规划意图

绿地面积逐渐增大，实现了真正的以人为本，而不是以车为本。同时库里蒂巴也是巴西人均GDP最高的城市之一，1990年，库里蒂巴和温哥华、巴黎、罗马、悉尼成为首批联合国评选出的“最适合人类居住城市”，并成为世界可持续发展城市典范。

为什么库里蒂巴可以从规划到实施完整的实践其理想？

自上而下的规划实施包括两种类型，一种是土地国有化，通过强大的政府管理和法规控制实现自上而下的规划；第二种就是土地私有化、通过市场政策和社会共识实现规划意图。我们通常对第一种比较了解，也符合我国现阶段的国情。库里蒂巴属于第二种，虽然和中国城市有所不同，但依然具有借鉴意义，其一，中国城市的市场经济越来越重要，一个不符合市场经济规律的规划是无法落地的，其二规划技术上的借鉴也具有广泛的适用意义。

● **库里蒂巴的政治体制**

巴西的政治制度是联邦制，其行政体制让各个州拥有了强大权利和资源，库里蒂巴是巴拉那州首府，拥有更好的自治权利和自由。库里蒂巴的市长贾米·勒纳（Jaime Lerner）拥有极高的威望，从军政府阶段至民主政府阶段，从1971年到1992年三次担任市长，这为他的政策实施提供了保障。城市愿景框架的提出正处于“巴西奇迹”时期，年均GDP增长达到11.2%，在这种快速发展时期，有利于城市发展提出更宏大的构架，旧城改造也更加快速的推进，城市总体框架得以顺利实施。

● **城市发展的远见**

任何一项举措的成功都源自于清晰缜密而长远的规划和强大的执行力，两者缺一不可。库里蒂巴市长提出了浅显而具体的发展愿景，“创意而有效率”、“以人为本”、“尊重公民”、“绿色城市”等系统化发展策略以发展改造城市，在库里蒂巴跨越式发展奇迹的过程中，他展现了卓越的系统思维，总是强调：不能为了解决一个问题，而引发更多的问题，要努力把所有问题联接成一个问题，用系统的眼光去对待，用综合规划的办法去解决。城市不是难题，城市是解决方案。而圣保罗建筑师Jorge Wilhelm制定的库里蒂巴总体规划也完全的体现了这种思路，其几乎是从零开始规划新的城市结构。具有远见的发展政策和科学的可实施方案合二为一使得库里蒂巴取得最后的成功。

● **配套的城市发展结构**

城市空间结构和交通方式是相辅相成的，库里蒂巴做出了主动干预，同时改变了原有的空间模式和交通方式，城市改变了沿旧城中心环形发展的模式惯性，转而形成带状发展的放射性轴线结构，沿公交快速路向外走廊式开发。这种宏大的发展方式转变并非只能用在城市生长初期，1976年库里蒂巴建成第一条BRT时，城市建成区面积已经达到现在的80%以上（按照城市建设斑块测算），仍然可以通过交通方式的转变带动旧城区的改造，从1972年到1980年，五条快速公交线框架基本建设完成，1980年市区人口达到近150万，而2013年人口也仅有184万，其城区规模和人口规模均已经增长趋缓，城市的用地模式方式仍然可以向公共交通出行进行转变。

● **完整的公交体系**

库里蒂巴的公交体系包括快速公交专用道、圆筒车站、换乘枢纽及不同服务功能的公交线路。快速公交BRT是一体化公共交通系统的骨干，其他公交线路为其提供驳运或补充。圆筒车站实现了系统内部及BRT与其他线路间的免费同台换乘；枢纽站实现了不同功能线路与BRT的换乘。

库里蒂巴一体化的公共交通系统的主要特点包括一票制实现广泛的可达性；公共交通优先于个体交通；骨干公交与驳运公交；封闭式

图2-32 库里蒂巴圆筒式公交站

图2-33 库里蒂巴沿快速公交线路行程的高强度开发带

的一体化车站；72公里隔离式线路；轴线外的整合式车站扩大了一体化的服务范围。为配合快速公交，其建设了双向快速公交车道，实行全封闭专门留给公交车使用，交叉口红绿灯也由公交车司机控制，以便畅通无阻。而库里蒂巴的小汽车并不少，平均2.6人一辆，但小汽车却不是高峰出行的主要交通工具，库里蒂巴75%的通勤者在高峰时期使用公共汽车。

- **配套运营制度**

采用政企分开、运营与票制系统分离的整合公共交通系统管理体制，具体运营由私人公司来完成。多年来这种管理体制使私人公司能有10%的利润，以保证库里蒂巴市整合公共交通系统的良性发展。

库里蒂巴经验在中国的实践——只有快速公交没有快速系统

BRT建设思路在中国很多城市都进行了实践，但成功的少，失败的多。仅仅把公共汽车放到公交车专用道是不够的，把马路划线给公共汽车行走就能解决城市交通问题是一种错觉。一个良好的运输系统需要更好的规划，首先提出公交出行城市的概念，之后的交通建设是这个概念的落实，上下车要方便迅速，车票上车前付，班车要频繁，所有的运输条件是对整体性的考量，一个规划和运行良好的公交系统会影响城市所有的发展，一个良好的运输系统必须提供公共交通以外的便捷连接体系，包括公共自行车、步行、社区公交和短途出租车，这些出行交通系统必须紧密地结合在一起，库里蒂巴正是实践了这个里面，构建了最大的地面公共交通运输系统，每天连接着200万名乘客的

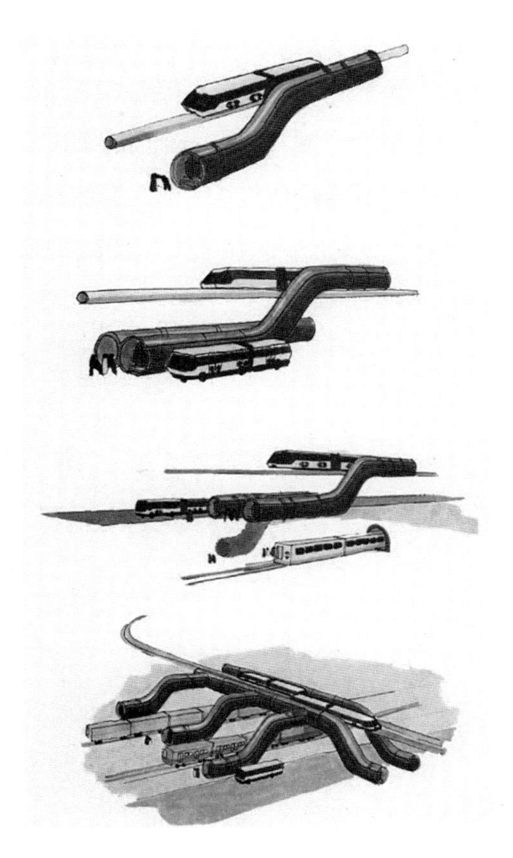

图 2-34 库里蒂巴 BRT 便捷的换乘系统

安全便捷到达目的地。同时由于地面公交的高效率运行，节约的城市道路，建造城市公园，让人们随时享受阳光、草地和清新的空气。

中国城市只是引进了BRT公交线路，并没有引进相关配套措施。公交优先是一个系统性的解决方案，需要TOD开发模式的配合，城市道路断面及优先权控制，大运量公共交通和其他辅助性交通之间的配合。所有之间的要素混合会发生相互强化的化学反应。而仅仅划分一条公交车道是远远不够，也是事倍功半的。可以说库里蒂巴的经验仅仅学到了表面，而未借鉴其内涵，这也是BRT在中国很多城市失败的原因。中国现行成功的BRT也并非库里蒂巴模式，例如厦门的高架BRT，其只是远程快速公共交通的用途，即将人从城市的一端运到另一端。

从城市管理制度上思考，中国城市政府的执行力受到上层政府和国策的限制，由于GDP考核制和政府换届制度，在城市问题解决和城市经济发展两者之间选择，后者总是胜出，城市的产业发展和重大工程建设成为首选，居民便利出行并非首要考虑的事情。其次城市的决策者可能并不乘坐公交车出行，即便城市提出了公交优先发展的策略，也缺少相应的执行力。

全球城市街道的人性化改造
——从步行街道到步行城市

和轰轰烈烈的中国城市机动交通发展不同，在这些城市中，另外一种城市发展趋势正在上演，机动车道越来越窄，自行车道和步行道越来越宽，有些车行道完全变成步行商业街，停车场变为休闲广场，甚至整个城市核心区变为“零私家车区域”。这些变化正在成为城市发展中的一股清流，虽然还不足以撼动城市机动车的地位，但畅想在一个没有噪声，安全放松的城市环境中生活、工作、休闲，却令人心生向往。

URB-I的全球城市街道变迁的影响调查

城市的未来，应该以何种面貌存在？一个名为“Urb–i”的巴西城市规划研究小组在其官网上展示了在谷歌地图上搜集到的全球各个城市的街景图像，显示了近十年来，这些城市发展的前后对比。从这组照片中，我们清晰地看到，尽管拍摄于不同的城市和国家，但表现出来的趋势都惊人的一致：曾经以汽车为主的失衡的城市空间，在真切的让位于以人为本的城市更新和设计。至2017年11月，世界上至少3300条街道已经发生了改变，这些城市街道主要集中在欧洲、美洲和大洋洲，其中以欧洲的城市街道改革最多，效果最明显，而亚洲（去除日本、韩国和中国台湾地区）和非洲大部分地区尚未开始城市街道的人性化改造。

图 2-35 世界 3300 个街道改造分布图

以下仅列举其中三个例子：

图 2-36 比利时安特卫普，Amsterdamstraat，从机动车道到休闲场所

图片来自：URB-I 官网

图2-37 法国里昂，FR Dax，从停车场到广场
图片来自：URB-I官网

图2-38 匈牙利布达佩斯，Ferenciek tere，从机动车道到广场
图片来自：URB-I官网

荷兰阿姆斯特丹的自行车王国

而在荷兰阿姆斯特丹，这个以自行车文化为傲的城市，机动车赖以存在的城市空间正在慢慢地向自行车城市发展。从图2-38中可以看到曾经为机动车建设的城市道路正在转变为自行车道和自行车停车场。

纽约的街道步行化改造潮流

纽约作为世界潮流的代表城市，得益于其发达的地下轨道交通网

图 2-39 阿姆斯特丹街道自行车化改造

络和高密度的城市路网，使其可以拿出部分城市道路进行改造。将车行道变窄，增加步行道，甚至将机动车道全部改造为步行商业街。市民放弃小汽车出行后可乘地铁和公交来解决出行问题，因此针对小汽车的改造就有了良好的基础条件。

Holland Tunnel Area的街道将双向四车道改造为双向两车道，剩余的街道改造为步行道。

Allen and Pike Street通过增加自行车专用道，减小交叉口机动车道宽度并主动减少机动车道数量，更加适合步行和自行车交通，降低的车速也减少了交通噪声，从而形成综合性更强的城市街道。

图2-40 纽约街道步行化改造

Location: Holland Tunnel Area.

图 2-41 纽约街道步行化改造

Location: Allen and Pike Street in the Lower East Side

Herald Square，改造前为中间车行两侧人行的通常布局，由于人流量较大，大量行人只能拥挤通行。改造后将车行道改造为广场，结

图 2-42 纽约街道步行化改造

Location: Herald Square

合一侧功能建筑，形成了市民休闲活动的步行天堂，这里融合了餐饮、酒吧、接头演艺、娱乐休闲，是市民放松身心的良好去处。

得益于纽约路网的高密度性，其可以将更多的城市道路划分为单向车道，而剩余的车行道就可以转变为步行道和自行车道，Union Square街道就是很好的实践案例。

图 2-43 纽约街道步行化改造

Location: Union Square

巴塞罗那的“行人”城市改造

和纽约类似，巴塞罗那也拥有高密度的路网，这有条件让巴塞罗那进行城市步行化改造。巴塞罗那2017年，巴塞罗那预计将城市转换成一个“行人”城市：将九个地块划分成一个车辆禁行区，在车辆禁行区网格内部，非当地居民用车将被禁止使用，交通拥堵的交叉口将被转换成“行人友好”城市用地。

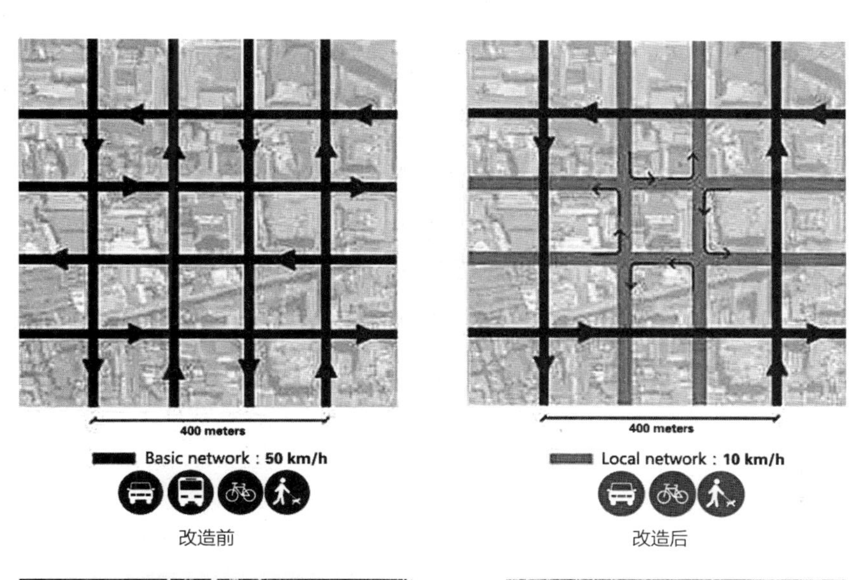

图 2-44 巴塞罗那街道人性化改造

“步行伦敦”计划

还有更多的城市正在加入“步行城市”的行列，伦敦“步行街区”方案就是其中之一，依靠伦敦发达的公共交通体系和自行车网络，扎哈·哈迪德建筑事务所提出“步行伦敦”（Walkable London）方案，希望把遍布内伦敦的步行区域连接起来，把伦敦打造成全球首屈一指的宜步行城市。

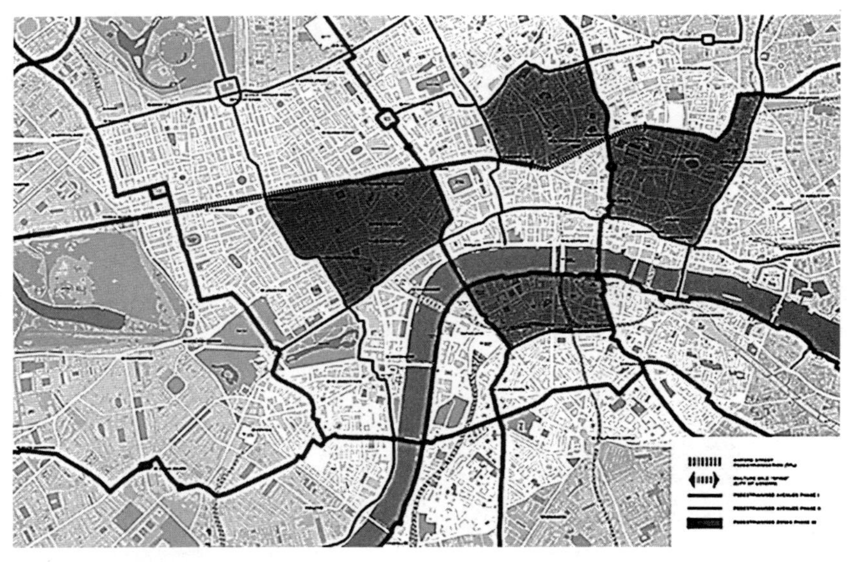

图 2-45 “步行伦敦”的划分街区

巴黎塞纳河岸的节日步行计划

借2024年巴黎奥运会契机，在巴黎圣马丁运河和塞纳河交汇处，中选方案提出了城市步行化改造的愿景，其创造了一套适应城市发展的可变基础设施，可在节庆日和周末进行步行化改造，适当增加临时娱

图 2-46 巴黎塞纳河岸临时改造方案

乐设施，让市民充分享受滨河休闲的乐趣。

奥斯陆市“零私家车”首都市中心计划

奥斯陆市政议会宣布，将于2019年前，全面禁止私家车进入市中心。当地市政府发言人说，“我们希望看到一个‘零私家车’的首都市中心，希望给行人和自行车打造一个更好的交通环境。”奥斯陆将成为第一个全面并长期禁止私家车在市中心通行的欧洲首都城市。奥斯陆着实地方小，被禁车区域涉及1000住户，9万工位，11个购物中心。为此奥斯陆要在今年增加60公里自行车道。计划的细则还未出台，计划本身还需要市民投票通过才能实施，即便计划不能通过，这种关于“零私家车”的畅想也是城市步行化的一大进步。

图2-47 计划实施“零私家车”的核心区域

“步行城市”全球化趋势

这些城市中，纽约、伦敦、巴塞罗那、奥斯陆、阿姆斯特丹的步行化实践让人们看到城市发展的另一种可能性。“步行城市”的全球化趋势正在从西方发达国家的城市中酝酿、发展、成熟、扩散，在可以预见的未来，还会有更多的“步行城市”的出现。随着人文主义的觉醒以及产业后现代化和智能化发展，城市的休闲功能正在逐渐成为最重要的部分，而“步行城市”正是这种趋势的最佳愿景。

中国城市的“理想交通”

以上分别讨论了公共交通、滨水交通、步行城市、城市高架等方面的内容，而中国的城市需要什么样的交通，依然难以回答，但城市交通的发展趋势已经越来越明显，地面交通越来越注重人性化和慢行化，公共交通越来越发达，滨水区域多采用地下隧道，而城市核心区高架路带来的负面影响已经超过其交通价值。当我们把这些要素融合在一起，再结合中国城市空间的建设特点，便可以畅想中国城市的理想交通状态。

城市空间结构与不同交通主导方式

城市空间模式和城市交通模式是相辅相成的，特定的城市空间需要相匹配的交通出行方式，而交通模式的选择反过来也会影响城市空间的塑造。城市拓展在不同交通政策主导下会产生不同的空间结构，以新加坡为例，城市施行高额的私人汽车消费税以及城市核心路段收费政策，市民购买和使用小汽车的成本高昂，这促成了普通中产以公共交通出行的习惯，而大众交通又促进了城市运行效率和城市空间结构的完善，形成组团清晰的城市结构，城市交通结构和城市空间结构相互影响，构成完善的正向循环体系。再以美国为例，美国被称为车轮上的国家，20世纪汽车产业的兴起带动了城市郊区的蔓延，郊区生活方式又进一步促进了美国汽车文化的发展，两者相互作用共同促进了美国大都市郊区蔓延的现代主义城市模式。

如果我们研究美国的城市和交通模式，大都市除了高强度的城市核心区，市民多居住于郊区蔓延的低密度的独栋住宅中，为了缓解这种空间两极分化的趋势，美国学者提出了新城市主义精明准则，针对城市空间提出了“形态过渡”的原则，即从高强度核心区到郊区之间需要有一般城市区的空间过渡。也正是在这种城市空间模式下，美国城市一般采用了小汽车交通和公共交通相结合的方式。以纽约为例，曼哈顿的高强度开发导致其永远不能依靠私人小汽车来解决交通出行，曼哈顿的停车费用高达20美元1小时，而曼哈顿岛以外的纽约其他地区停车费用基本在10小时2美元左右，因此大量居住在郊区而工作在曼哈顿的金领们通常选择开车至曼哈顿岛外围的地铁站，再乘地铁站达到上班地址。当然曼哈顿是美国最集中的城市核心区，其他城市也存在这种情况，但换乘率却远远不及纽约。

日本地少人多，东京都市圈形成了以高层密集的核心区和外围大量的低层高密度的一户建组成。欧洲的城市注重空间尺度的把控，老城区以多层的建筑为主。以巴黎为例，拉德芳斯新区也仅仅是高层公共建筑集聚区，新建住宅仍以多层和低层为主。巴西的库里蒂巴市是世界可持续发展城市的典范，其城市高强度开发区域均布置在BRT公共交通走廊的两侧区域，其他城市区域也是以低多层住宅为主。

但从来没有一个国家像中国一样，中国城市空间是高强度精明收缩主义的展现，城市郊区也采用了超高层开发模式，常见百米的超高住宅直接和城市边缘绿地接壤。城市郊区的高强度建设和城市核心区一致，成为一个突出于地球表面的“城市高原”，中国这种高层高强度

图 2-48 高强度蔓延的中国城市

蔓延的城市开发模式世界上并没有先例，中国的城市形成了自己的空间模式，因此也需要发展相匹配的交通模式。

中国城市交通的“双低”现状——道路网低密度和公共交通低服务

城市道路网密度低是中国城市建设中的通病，2018年度《中国主要城市道路网密度检测报告》显示，超大型城市平均路网密度为7.3公里/平方公里，特大型城市平均路网密度为6.06公里/平方公里。国外大城市中心区路网密度大都高于15公里/平方公里，而纽约曼哈顿的道路网密度达到20公里/平方公里[1]。

城市公共交通低服务突出表现在供给低和低体验，站点密度低，乘坐公交步行距离远，在高峰时期，公交拥挤不堪，车厢环境差。随着职工占有社会资源的增长，一旦有条件改为私家车出行，就会彻底抛弃公共交通，而城市中一代又一代的刚就业的年轻人继承了前辈乘坐公交的无奈，继续着一个又一个的轮回。

中国的城市面临的双重压力：道路网建设滞后且公共交通不发达。以北京为例，道路网密度是5.59公里/平方公里，地铁车站密度为0.12个/平方公里（数据来源参考下文），相较于西方发达城市，两者指标均比较落后，其带来的后果是北京成为中国最拥堵的城市之一，2015年北京平均通勤时间达到54分钟，工作日平均交通拥堵时间达到4.8个小时[2]，正是这种双重交通压力，使北京市民每日处在出行焦虑之中。

2016年2月《中共中央国务院关于进一步加强城市规划建设管理工作的若干意见》提出街区制和“窄马路，密路网”道路建设模式，而此时中国城市化率已经达到56%，城市道路网骨架已经基本形成，若要纠正之前几十年城市建设的错误为时已晚，在这样的背景下，如何弥补路网低密度带来的问题成为关键。

城市交通发展思维转变：从“综合交通”到“竞合交通”

当我们考虑城市各种交通配置的时候，往往以综合交通的模式出发，即各种交通是互相配合协同共生的。但事实上，一个城市的各种交通方式之间存在着竞争关系，即竞合交通的概念，只有在这种思维模式下，才能做好城市交通的整体规划，才能使城市不同的交通方式得到最佳配置。

第一方面，在城市交通总体投入有限的情况下，建设高架路还是建设地下轨道交通？建设城市快速路还是完善城市慢性系统？各种交通方式之间的投入和城市发展理念息息相关。

第二方面，还需要考虑出行的人性化，城市道路中存在着机动车侵占非机动车道，非机动车侵占步行道的情况，最后导致机动车和非机动车混行，非机动车和行人混行的混乱模式，不仅降低了出行效率，还带来了出行安全隐患。总体来说，管控不严的城市道路会出现劣币驱逐良币的挤出效应。私家车出行占用的道路面积远远超过公共交通和非机动车，从欧洲的60人出行道路空间实验中可以直观看出其中的差别。中国的城市道路总是优先保障机动车的通行，忽略非机动车的

图 2-49 不同交通方式 60 人通行需要的道路空间对比

出行环境的营造。中国城市中几乎没有连续而友好的非机动车车道。而以自行车出行著称的欧洲城市哥本哈根不仅提供了自行车专用道路，而且还提供了高速自行车道，从而使十公里以上的自行车出行也成为常事。

第三方面，同一道路断面上也存在着小汽车和公共汽车之间的竞争，公交专用道在城市道路中仍占少数，没有成为城市道路建设的共识，而不受控制的小汽车增长会导致地面公共交通的通行效率一起降低。

中国城市的“理想交通”

2035 年普通城市人一天的理想出行

一切交通方式都要以人的实际需求为主，我们可以畅想2035年普通城市人一天的理想出行方式，记录如下：

早上8点从家出发，通过无机动车干扰的连续步行道，步行300米即可达到离家最近的轻轨站，轻轨车厢不太拥挤，有舒适的座椅，安静平稳的空间环境，20分钟后即可到站，出站后可直接达到联通办公楼的地下通道，通道两侧为舒适的商业休闲空间，不至于太远也不会枯燥，到达办公楼地下大厅后通过办公楼电梯直接到达办公室。下班后，即可乘电梯到负一层，到达联通轻轨站的地下通道，同样乘坐轻轨后步行300米内到家。一天的出行应该是舒适健康的，而且总的时间在一个小时左右，这是我们畅想的关于未来城市出行的“理想交通”。

要做到以上的这种出行方式，首先要有发达的轨道交通网络，其次地铁站和城市核心区的地下空间形成一体化整合，最后还需要有舒适的步行环境。中国城市的交通基础设施仍需要质的进化，而只有大运量的公共交通才能适应高密度发展的城市空间特征。

2035 城市轨道交通大发展

网络上出现的中外城市地铁密度的指标往往都是错误的，例如澎湃新闻2018年2月发布的数据显示，北京的地铁车站密度仅为每平方公里0.02个，与密度最高的城市巴黎相比，其密度是北京的38倍。北京地铁站数量为345个，北京市域的面积为16411平方公里，因此其计算得出北京地铁站密度为0.02个/平方公里，而实际上，由于国外城市大多以都市区形式存在，西方发达国家中其城市建成区面积基本为城市区面积，而中国城市都有市域和中心城区之分的概念，中国城市市域范围内除了城市建成区外，还有大量的农田和林地等非建设用地，因此以中国城市的市域面积来计算轨道交通密度是十分错误的方法，事实上，至2015年北京市建设用地面积为2921平方公里，仅为北京市市域面积的17.7%。本文将使用城乡建设用地规模作为研究数据，通过严谨的数据重新评估中外城市轨道交通的发展差异。另外以人口数据作为辅助研究，以增强数据可信度。

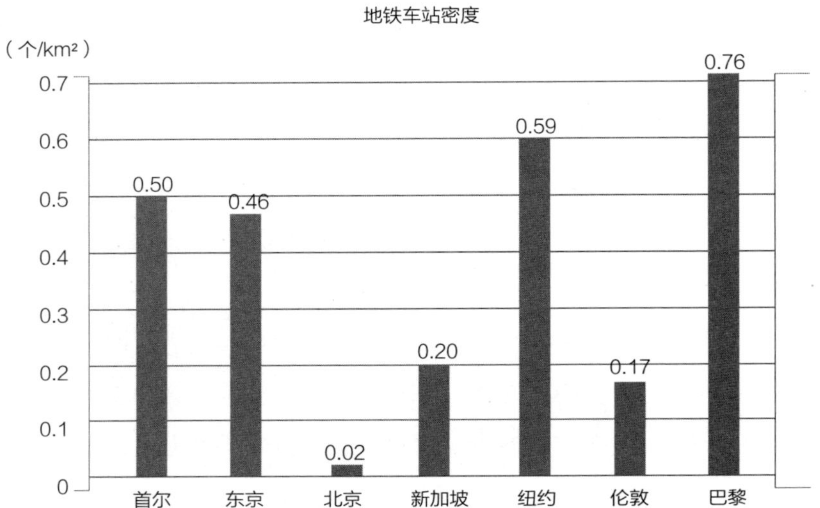

图 2-50 澎湃新闻 2018 年 2 月发布的地铁站密度对比图（错误的数据导致错误的结果）

全球各大城市中心城区轨道交通发展状况表（2017 年 12 月） 表 2-1

	首尔	东京都 23 区	新加坡	纽约五区	大伦敦区	上海	上海 2035	北京	北京 2035
车站数量（个）	376	435	113	468	270	395		345	
轨道里程（公里）	314	997.8	148.9	369	402	637	3000	631	2500
城市人口（万人）	1050	924	561	851	828	2418	2500	2300	2300
城市面积（平方公里）	605	627	719	789①	1577	3071②	3200	2921③	2760
人均里程数(公里/万人)	0.30	1.08	0.27	0.43	0.49	0.26	1.20	0.27	1.09
人均地铁站数量（个/万人）	0.36	0.47	0.20	0.55	0.33	0.16	0	0.15	0
地铁站密度（个/平方公里）	0.62	0.69	0.16	0.59	0.17	0.13	0	0.12	0

续表

	首尔	东京都23区	新加坡	纽约五区	大伦敦区	上海	上海2035	北京	北京2035
地铁线路密度（公里/平方公里）	0.52	1.59	0.21	0.47	0.25	0.21	0.93	0.22	0.91
开始运营时间	1974年	1927年	1987年	1904年	1856年	1993年		1971年	

数据来源：北京2035和上海2035规划数据分别来源于《北京城市总体规划》（2016—2035年）和《上海市城市总体规划》（2017—2035年）；其他数据来自城市轨道交通官方网站（东京都23区内轨道交通包含东京地铁，日本国铁和私营铁路三种形式）。

注：①含海域面积1214平方公里；

②2015年城乡建设用地；

③2015年城乡建设用地。

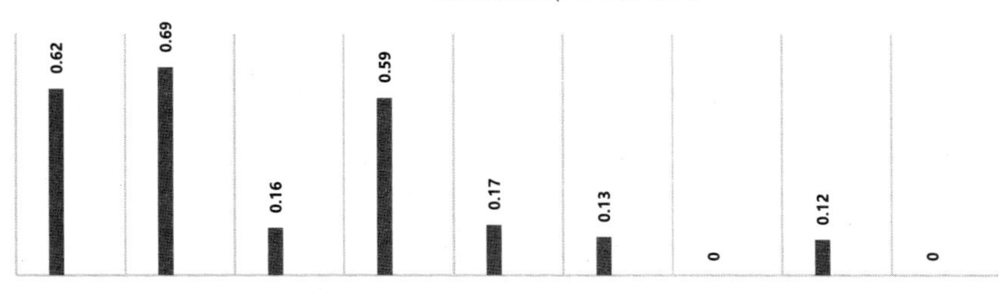

图2-51 中外大城市地铁站密度（上海2035和北京2035地铁站数量未统计）

从表2-1中可以看出，北京实际地铁站密度为0.12个/平方公里，而非0.02个/平方公里，但与国外发达国家城市有较大差距，上海和北京地铁站密度相差不大，和纽约、东京、首尔等城市相比有五倍左右的差距。

北京地铁线路密度为0.22公里/平方公里，上海为0.21公里/平方公里，与国外发达国家城市仍有较大差距，同样和国外发达城市不同，中国城市的地铁建设仍处在快速增长期，从上海2035和北京2035的规划中可以看出，其地铁线路密度在2035年将超过大多数西方发达国家城市

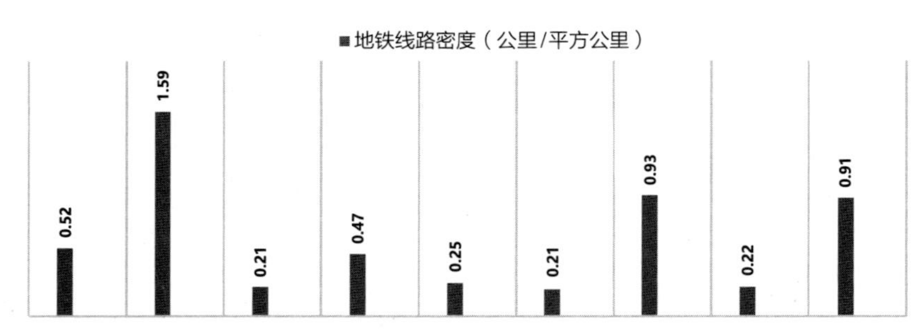

图2-52 中外大城市地铁线路密度

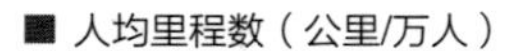

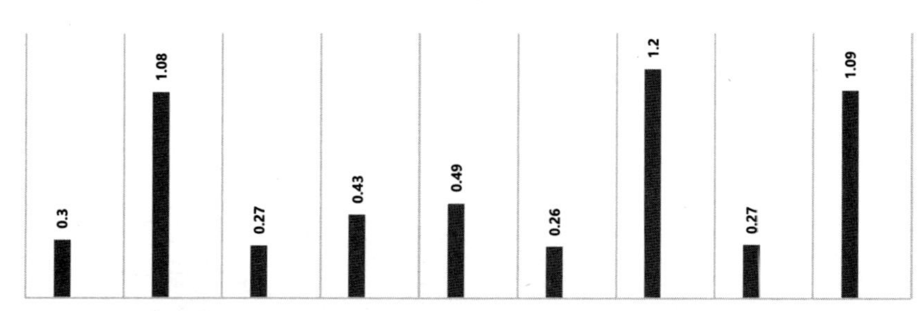

图2-53 中外大城市轨道交通人均里程数

的地铁线路密度。虽然中国其他城市的基础设施投入不能比肩上海和北京，但其发展方向仍会向这两座城市靠近。

从服务人口统计，2035年上海和北京的人均里程数将超过现在的东京都23区，其服务水平将大大加强。

通过综合分析，从地铁站密度、地铁线路密度、人均地铁站数量和人均里程数四项指标来看，目前以上海和北京为代表的中国城市仍和发达国家城市有较大差距，至2035年，中国城市的轨道交通将赶超目前大多数西方发达国家的水平。未来中国城市的轨道交通出行方式将变得舒适化和人性化。

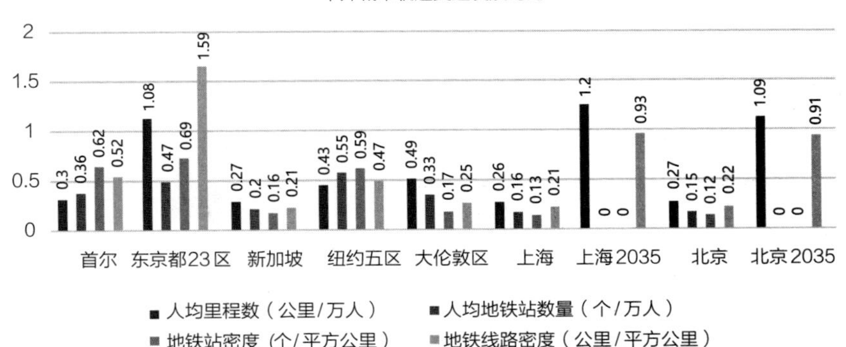

图 2-54 中外城市轨道交通综合发展情况（上海 2035 和北京 2035 地铁站数量未统计）

轨道交通把人送到目的地而不是送到地面

如果我们对比中外城市地铁的与地下空间的连接情况就会发现，我国城市中的地铁和轻轨交通的站点设计只是把人送到站点附近的地面位置，而基本没有和目的地的具体建筑进行沟通。

中国地铁站出入口排名第一的是无锡三阳广场地铁站，已开通23个地铁出入口，站点出入口数量排名第二、三位的南京市新街口站、上海市人民广场站，也分别有约20个出入口，中国大多数地铁出入口在10个以内。发达国家的先进经验是将乘客直接送达目的地，以东京为例，通常地铁站会和地下空间相互沟通，形成庞大的出行系统，例如东京新宿站和地下空间结合以后，具有159个出入口，其可以将大多数乘客直接送达上班目的地，而东京池袋站、大手町站也有超过50个出入口。中国未来城市中，随着城市地下空间的开发，城市核心区轨道站密度增高，轻轨站（地铁站）站内空间、地下步行道和地下商业空间形成一体化的综合系统，从而可以使人们更加方便快捷的到达目的地。

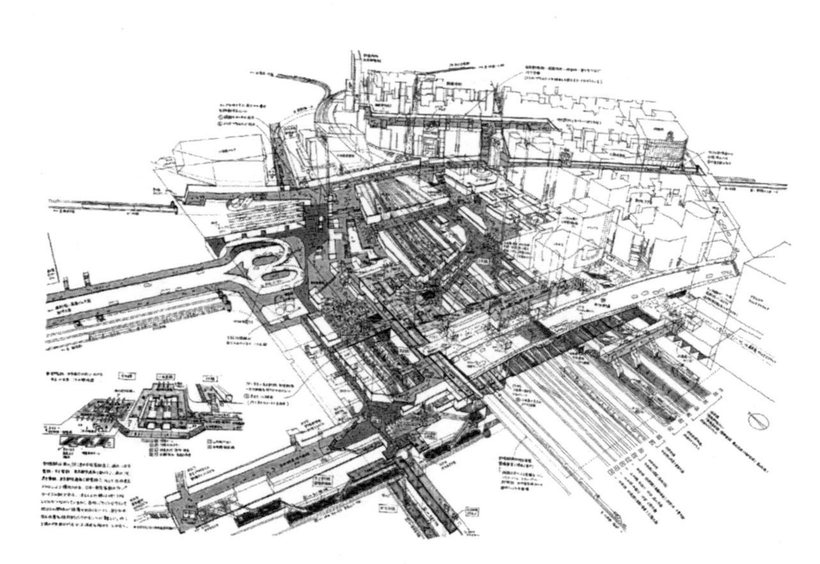

图 2-55 东京新宿地铁站立体透视图（地铁站有 159 个出口）

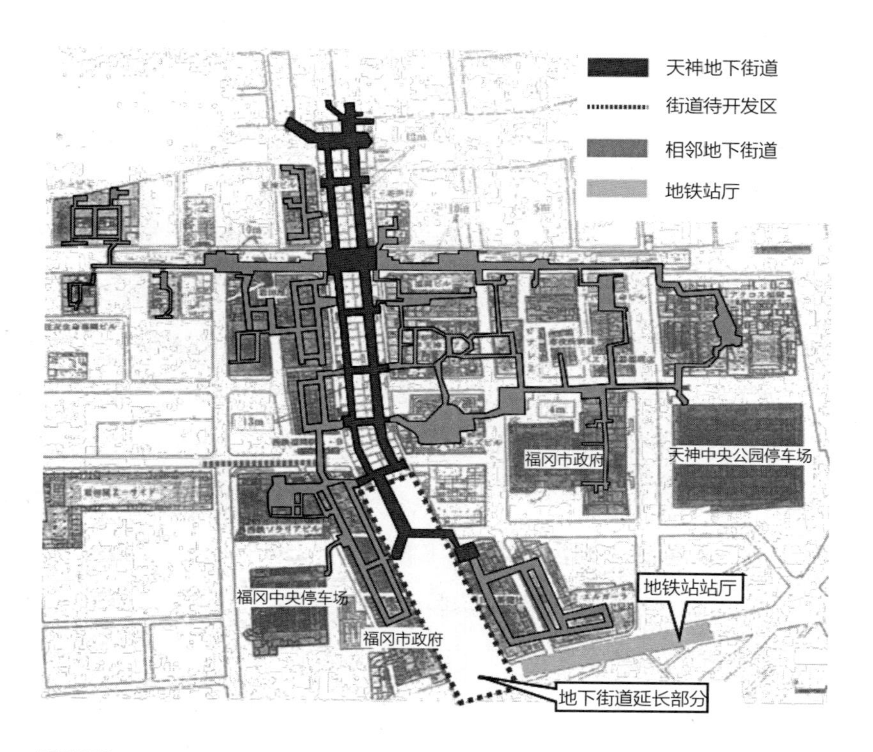

图 2-56 日本福冈地下空间与地铁站厅互动

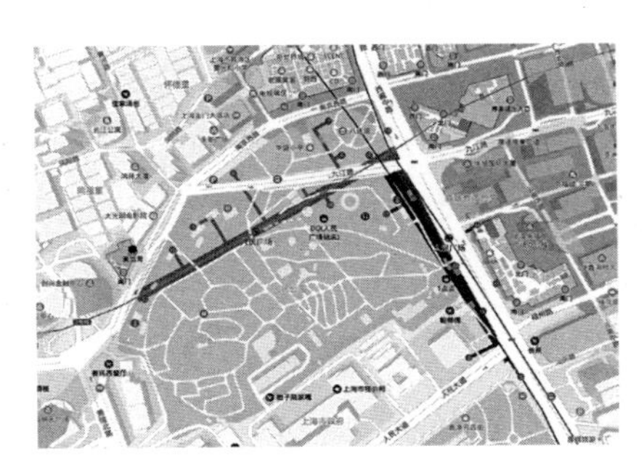

图 2-57 上海最多出入口的地铁站：人民广场站拥有 20 个出入口

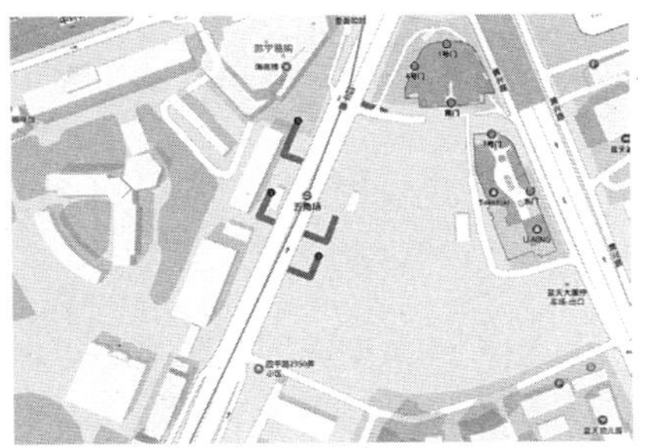

图 2-58 繁华的区域中心上海五角场地铁站仅有五个出入口

城市步行道更加连续和舒适

高密度的轨道交通网络需要配合人性化的连续的步行道体系，中国大城市中仍然存在步行道被车行道侵占，自行车道和步行道混行，过街困难等问题。随着公共交通和智慧共享出行的发展，私人交通对城市地面道路空间需求量减少，城市中将有更多的地面道路步行化改造，在本章中“全球城市街道的人性化改造——从步行街道到步行城市”一节中已经充分阐述了这种发展趋势。

“理想交通”的四种交通形式和四种交通空间形态

中国城市应该根据城市的具体需求配置不同比例的交通出行方式，针对中国大城市的通常特征，可以形成“理想交通”的四种交通形式和对应的四种交通空间形态。

四种交通形式

公共交通：3公里以上中长距离出行的主导方式，包括轨道公共交通、BRT和社区公交。

慢行交通：0～3公里中短距离出行主导方式，包括步行和自行车交通。

共享定制交通：点到点出行主导方式，以无人驾驶智能共享出行为主。

私人汽车交通：点到点出行辅助方式，私人小汽车出行。

中国高强度的城市开发需要与之相匹配的高运量公共交通，在特大城市和超大城市中，则以轨道交通为主，在中等城市和大城市可以发展系统化的BRT，辅助以地面普通公交解决部分公共交通需求出行。而通过步行和自行车解决最后一公里的出行。共享交通是指未来无人驾驶的智能共享出行方式，这部分内容将在第十一章“城市的远见”中详细阐述。当城市公共交通和共享交通的便利程度接近甚至超过私人小汽车，私人小汽车的出行量会自然下降，城市道路拥堵率也会大幅下降。中长距离的出行应以公共交通和共享交通出行为主，私家车出行为补充，短距离交通以慢行交通为主。

四种交通空间形态

轨道空间：地下轨道交通和地面轨道交通；

城市隧道：滨水区机动车隧道、城市核心区机动车隧道；

地面连续慢行道：步行街区和自行车专用道；

地面机动车道：城市地面道路。

轨道空间即地铁和轻轨的运行空间，包括地下轨道交通和地面轨道交通。针对机动车交通的出行空间包括地面机动车道和城市隧道，相比较于城市高架路，城市隧道是更被提倡的，城市表面之上的高架路是动脉堵塞之后的动脉支架，抢占属于行人的地面空间，而城市表面之下的地下隧道才是城市真正的动脉，把地面留给人类，让小汽车畅通地下。最近蓬勃发展的城市绿道系统是地面慢行道的一种形式，其提供了连续而舒适的通道空间，未来地面的慢行道将可以整合成一个一个慢行街区甚至是慢行城市。

中国城市应该提供便利而舒适的大众出行交通方式，我们在居住区门口即可以乘坐舒适而便利的公共汽车，而地铁出行也不仅仅是“地铁房”的福利。城市中应该有连续而安全的专用自行车道，让自行车出行成为时尚。城市还应该提供环境宜人的步行道，让步行变得简单惬意。当然私家车出行必不可少，但不再是市民出行的最终选择。中国的城市基础设施仍在持续增长中，在可预见的将来，中国城市内的出行会更便利舒适。

注释

【1】王峤，臧鑫宇．城市街区制的起源、特征与规划适应性策略研究［J］．城市规划，2018，42（9）：131–138．

【2】数据来源：公安部道路交通安全研究中心主编的《中国大城市道路交通发展研究报告之三》．

第三章〈

绿肺——城市生态空间的价值观变迁

“景观建筑师应对洪水的方式让人影响深刻

水文与生态的脉搏在此跳动

水獭的回归振奋人心，野生动植物与自然才是这里的主人”

——2016 年 ASLA 评审委员会对新加坡碧山宏茂桥公园改造方案时的评语

节序
——城市绿肺的意义

城市绿肺是指城市中的生态空间，包括河流、公园、湿地和郊野公园等。人体中肺脏的作用是呼出二氧化碳吸入氧气，给全身运动提供的氧气来源。而城市绿肺则并非此功能，或者说吸收二氧化碳产生氧气只是城市绿肺功能中很小的一部分。实际上，城市绿肺并非像人体的肺一样，能交换足够的氧气，很多学者将生态足迹运用到城市当中，通过计算得出，广州市2000年生态足迹为城市建设用地面积的250倍[1]；北京市2009年生态足迹为城市建设用地面积的378倍[2]；南京市2009年城市生态足迹是城市建设面积的430倍[3]。一个城市的生态足迹通常为城市面积的数百倍到上千倍，即需要比城市面积大数百倍到上千倍的生态用地才能支撑该城市经济和社会发展所需要的生态生产力的土地面积。并且随着城市发展和市民生活质量提高，城市的生态足迹正在呈指数增长。城市运转产生的二氧化碳远非城市中生态空间能够吸收的，城市生态空间产生的氧气也不能满足城市需求的百分之一。

因此当城市绿肺的纯生态功能可以忽略不计的时候，城市绿肺并没有因此而不重要，相反，当只有摆脱了生态空间的纯生态价值，才能真正地发挥其休闲、娱乐、运动等功能意义。很多城市中大型绿地公园和湿地河流因为生态功能禁止市民进入是极其荒谬的。除非是极其敏感的生态区域，否则所有的生态空间均应向市民开放。城市绿肺的意义还在于城市建设空间的缓冲作用，当城市中铺满了钢筋水泥的建筑物时，城市绿肺给了市民还能近距离接触大自然的机会。

城市空间“围棋模型”
——绿色空间和灰色空间的平衡

城市空间的“围棋模型”

城市开发和生态保护是两种势力的博弈，每一个城市的现状都是博弈的结果。而围棋也是棋手两方博弈的过程。将围棋中的规则和城市建设理论方法相互比较之后，双方在多个方面都存在高度的契合。治理城市就像围棋博弈，更好地运用围棋规则可以在围棋比赛中胜出，同样，城市开发也需要遵循一定的规律，坚持绿色空间和灰色空间的平衡，才能建设更成功的城市。

城市的建设用地和绿色空间就像围棋的黑子和白子，围棋中最重要的两个原则，一个是链接原则，相同棋子之间要尽可能的连接起来，只要棋子相连就可以存活，这就像城市中绿地系统具有完整性和连续性一样，包括公园绿地、山体、水系以及山水之间的连接通道，应该成网成链。另一个原则是留“气”原则，几个子中间留有“气”，这些棋子形成的空间即使被对方围起来了也可以存活，这也是城市生态空间中重要的原则，预留一定的规模，否则其生态能力会降低甚至丧失。围棋中的成链规则和留“气”规则与城市绿地系统的规划方法不谋而合。

所以下好城市这盘围棋，把绿色空间和灰色空间的均衡协调好，才能可持续地发展下去。

城市建设和围棋博弈的相似性　　表3-1

	城市建设	围棋博弈
格局	城市地理空间	19宫格棋盘
空间组成	建设用地	白棋
	生态用地	黑棋
理论和规则	规模效益理论	留“气”原则
	空间连续性理论	链接原则

城市建设中的理论与围棋规则的契合性

城市生态斑块的规模效应——围棋留“气”规则

在景观生态学中关于生态斑块大小的研究中，当一个大斑块分割成两个小斑块时，会导致斑块内部生境和内部种群的丰富度的降低；据此提出了大斑块效益原理和小斑块效益原理。

大斑块效益原理：大面积生态斑块可保护生态多样性的存在，抵抗自然干扰体系，具有更佳的生态稳定性；

小斑块效益原理：小面积生态斑块可作为物种迁移的踏脚石，并可能拥有大斑块中缺乏或不宜生长的物种。

在城市内针对斑块大小对城市生态环境影响的研究较多，例如同样面积的大斑块和多个小斑块对城市热岛效应影响的区别，大小斑块对生态环境影响的区别等。在城市景观格局与地表热环境的定量关系研究中发现，在绿地覆盖率相当情况下，大斑块绿地降温效应明显高于小斑块绿地[4-5]。城市绿地需要达到一定规模才能发挥较好的环境功能，低层次的散点状绿地分布带来的调节效应是有限的。同样的绿地指标，不同的空间布局所起到的景观与生态效应有着很大的差别。合理地进行城市绿地系统规划布局就是指在规划过程中科学安排大小相间的城市各类园林绿地和市域大环境绿化空间[6]。

城市生态廊道的连接效应——围棋链接原则

在景观生态学中，生态廊道的连接度是非常重要的指标，是指各廊道之间相互连接程度，廊道之间以及廊道和斑块、边界之间应有良好的连接度，以达到廊道传输的基本功能。宽度和连接度是控制廊道生境、传导、过滤、源和汇5种功能的主要因素。在城市中，成网成链的生态廊道具有更好的生态效应，能提供更高的生态包容度，也为市民提供了连续性的自然景观体验。

以杭州环西湖地区为例研究城市空间的“围棋模型”

以杭州环西湖地区为例，西湖西侧和南侧为大量的绿地空间，同时绿地空间内仍有部分点状和线状建设用地存在，而西湖东侧和北侧为城市集中建设区，同样城市建设区内有链状生态空间存在的京杭大运河、大面积生态斑块的西溪湿地和多个中小型点状绿地空间。大面积绿地空间内的少量建设用地为生态公园带来了适宜的休闲娱乐和必要服务设施，使生态空间更有活力。而位于城市密集建设区的生态空间也为紧凑的城市开发提供了可以喘息的自然空间场所，合理布局的大小公园的和连续性的滨河空间为城市生态需求创造了更佳的空间布局。如果我们将视角放大到整个城市或缩小至一个街道社区，“围棋模型”依然具有适用性，这是城市空间的本质需求所决定的。

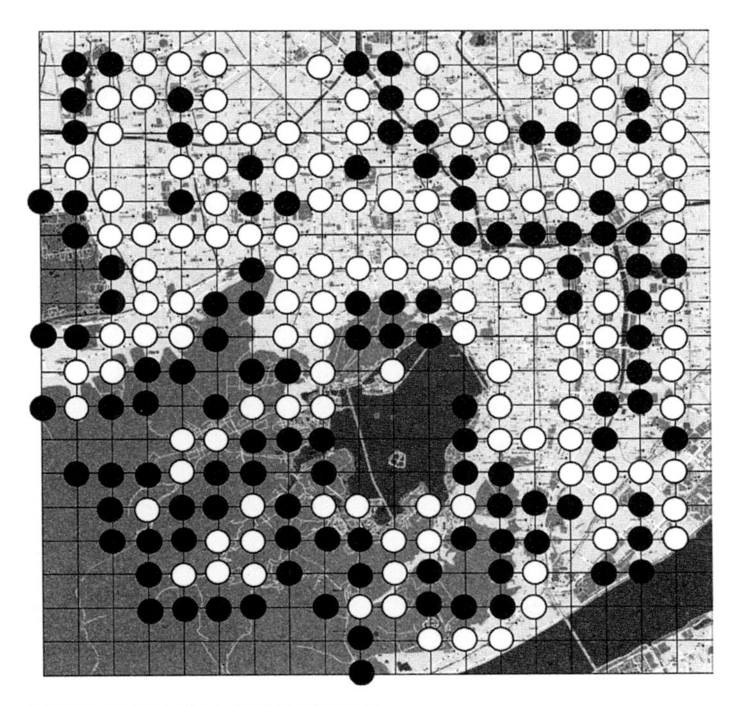

图3-1 环西湖地区城市空间围棋模型分析

“围棋模型”其他应用

“围棋模型”不仅仅可以用在城市的绿色空间和灰色空间的平衡机制中，还可以应用在城市建设中的其他方面，例如城市开发与遗产保护的博弈，城市公共空间与私有空间的划分，城市公共属性土地和居住用地的分布，从城市建设制度上还可以应用于政府控制与市场导向之间的博弈。而所有这些可以应用的场景均涉及了双方发展利益或空间开发权博弈的情况，而“围棋模型”在一定程度上成为可以借鉴的制度规则和空间体系的基础模型。棋局有胜负，城市建设也有成功失败，城市开发需要各方参与，是利益博弈的均衡，才能保障城市的可持续发展。

分形自然VS方格网城市

分形的自然

在人工创造的世界里，我们大量运用了欧几里得几何学来规划和建造我们的城市，因此我们的城市基本是方格形的城市街区、立方体的建筑物、圆形或其他几何形状的广场以及长条形的轴线。而在自然的世界中，大自然是高度复杂的，而且是波纹和褶皱主导，正如曼德尔布罗在1982年出版的《大自然的分形几何学》中简单明了的概述："简洁的形状在自然中很少见，但在象牙塔和工厂中极为重要"。大自然是高度的分形结构，不规则现象在自然界普遍存在，而分形几何学就被称为描述大自然的几何学，分形是一个粗糙或零碎的几何形状，可以分成数个部分，且每一部分都（至少近似地）是整体缩小后的形状。自组织的缩小变化重复是大自然存在的简单规律。但却由此组成了复杂多样的世界。

那些曾经分形的城市

在工业革命以前，城市规模要远远低于现在的大都市，城市和河流的关系也是和谐共生的。威尼斯是

图3-2 自然界各种分形结构：①沙滩水痕；②干沙漠河流；③树叶；④多肉植物；⑤鹦鹉螺的壳；⑥罗马花椰菜

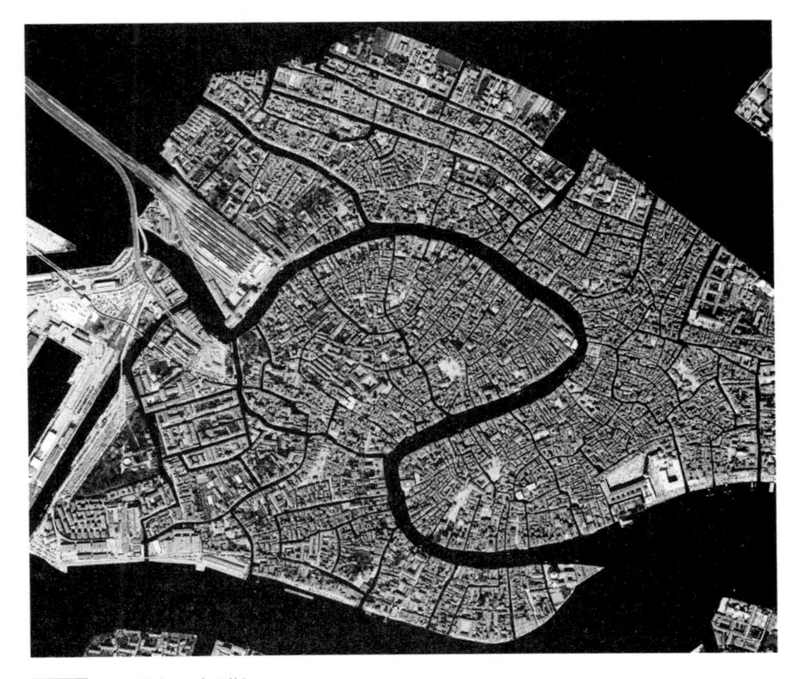

图3-3 分形城市：威尼斯

最典型的案例，也是高度分形的城市。其基本保留了自然的每一条河流，中间一条大的河流穿过，连接主干河流的是多条支流，支流之间又存在着更多的细小河道。同时建筑的肌理也是按照河流方向和走势分布，成为城市和自然有机统一的典范。

分形自然和方格网城市

现代城市的快速增长是人类所没有经历过的，也无从借鉴成功的经验，于是城市的发展以一种自认为高效率的方格网的形状发展，方格网具有用地完整易于开发的优点，却忽视了自然的运行规律，城市的发展建设和自然水系处于对抗状态。相较于这些揭盖复涌的河流，城市中有更多的默默无名的河道被掩盖。在大自然中，河流永远是分形结构的，有一条大的河流就有指数增长的分支河流，就会有更多的小支流河道的存在。而我们经常会看到一条大的河流穿城而过，但在城市地区却找不到河流的分支河道。当自然地区遇到城市化过程，这些分形结构的自然河流大部分被覆盖，被替代成方格形结构的城市地下排水系统。当这些地下排水系统的强度弱于自然中分形河流流量的时候，城市在遇到暴雨或洪水的时候，就无法快速的排出多余的降水，城市洪涝就会不可避免的产生。人们已经逐渐意识到这种问题的严重性，越来越多的规划将原生水系和原生生态作为城市建设必须考虑的一部分，城市和自然水系共生也逐渐成为更多城市建设的共识，我国大力推广的“海绵城市”也是应对策略之一。城市中会有更多的河道被重新挖掘出来重见天日么？我们不知道，但广州荔枝湾的揭盖复涌给我们做出一个良好的示范，是城市和生态重新走向共生的第一步。

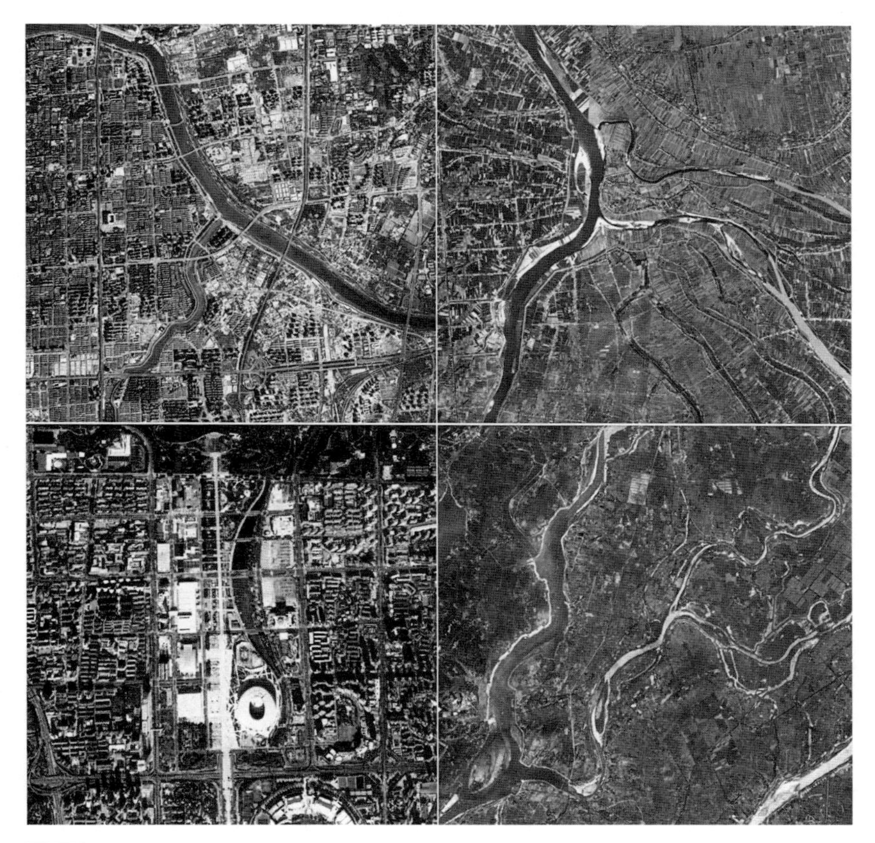

图 3-4 方格网的城市（左）（大多数支流被覆盖）VS 分形的自然河流（右）（具有丰富的支流体系）

设计结合自然

麦克哈格在他的著作《设计结合自然》中阐述："世界是一个进化的过程，这个过程经历了不可想象的无限长的发展时期——变化、适应、显露出新的不确定形式，有些形式坚持下来了，而有些则失败了。"而河流的自然分形形态则是坚持下来的形式。方格网形态的城市和分形形态的自然并非水火不容，而是可以互相适应的发展过程。

图 3-5 京杭大运河流域和城市路网的契合

杭州京杭大运河

以杭州京杭大运河两侧的用地开发进行研究，京杭大运河已经有2500多年的历史，其周围也存在着丰富的流域，而现代杭州的建设不足百年，城市作为入侵者，应该向大自然保持足够的谦逊，在尽可能保留更多分支河流的情况下，其两侧的城市道路顺应了京杭大运河和分支河流的方向和走势，城市路网并没有完全东西或南北朝向，而是和城市河流有机的融合在一起。

阿姆斯特丹城市运河和轨道系统

阿姆斯特丹是一个很特殊的城市，城市水系围绕中央车站呈现同心圆环状布局，而城市的轨道交通系统形成了以中央车站为中心的发散式和半环式相结合的网络形式，可以说阿姆斯特丹是最近接分形形状的现代城市。这些半圆环状的人工运河的规划出于两个目的，一是在16世纪到17世纪，海上贸易的兴起，使得荷兰成为欧洲的中心，阿姆斯特丹依靠滨海港口迅速崛起，因此需要开挖多更多水系来扩展城市内的水上码头，其次由于安姆斯特丹地势较低，也需要这些环状的人工运河将湿地里的水系排出到城市外部，如今运河旅游、滨水环境为城市带来了独特的风情，这些人工运河为阿姆斯特丹塑造了世界上独一无二的城市风貌。

在这些案例中我们可以学到一些方格城市和分形自然之间融合的一些经验：

- 尽可能保留足够多的分支河流，保障原生流域的完整；
- 城市路网和河流走向有机融合，放弃严格的方格形路网结构；
- 城市用地以分支河流为划分边界，保持河流边界的自然状态。

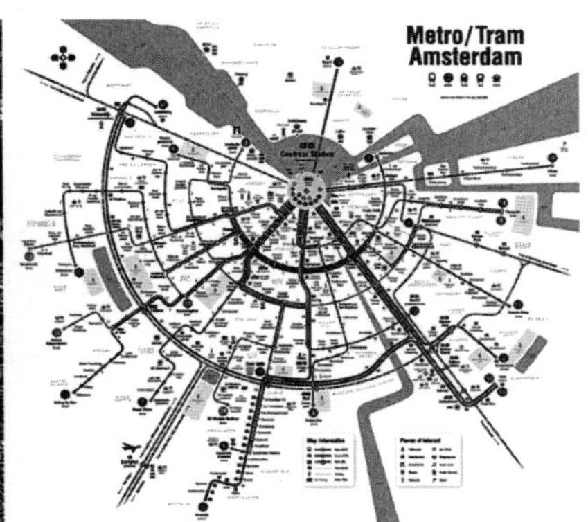

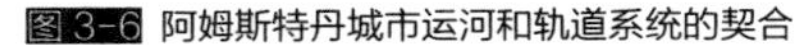
图3-6 阿姆斯特丹城市运河和轨道系统的契合

集权与民主
——纽约中央公园与上海人民广场

纽约中央公园与上海人民广场

纽约中央公园建成于1873年，完全基于风景园林的要素进行设计和建设，其成形于美国的公园运动时期，建设目的是为了改善城市的空间环境。具有清晰而完整的矩形边界，矩形边长大约为800米乘4000米，面积约为5000亩，矩形道路范围内全部为公园用地和绿色空间。

上海市民广场为椭圆形，两个直径分别为750米和550米，面积约为600亩，虽然上海市民广场比纽约中央公园小，相较于一般的城市公园也足够大了。上海市民公园基本没有完整清晰的边界，市政府居正中，左右分别为规划馆和大剧院，南侧为博物馆。

图3-7 纽约中央公园（左）VS：上海市民公园（右）（含上海人民广场）

空间组织的错配

上海人民广场并非像功能单一的纽约中央公园一样，而是由四组功能建筑、南侧的人民广场和北侧人民公园组成。其试图将各种功能组合起来，然而各种功能之间并未发生化学反应，也没有产生更大的效益。这其实是城市空间的错配，错误的邻里空间搭配不仅不能形成良好的功能互动，还会相互抵消，形成效率低下的空间组合。例如在中国传统的城市设计手法中，行政机关和市民公园、交通枢纽站和形象广场、高架路和居民区等。这些空间错配的案例中，最主要的形成因素是空间功能和价值观产生的冲突。

在行政机关和市民公园的空间搭配中，以权利为中心的空间场会侵占公园的核心功能，大量的行政人员的出入、行政商务活动和行政办公的环境需求都和放松休闲的公园活动产生冲突，这两种不同能量场之间的博弈，往往是弱势的一方被替代而不是相互融合，即最后的结果是只有行政中心，没有城市公园。

交通枢纽站和形象广场也是一个空间错配的典型案例，中国城市高铁站前基本都有大面积形象广场，这些尺度巨大的广场不仅为行人出行带来不便，还割裂了交通站和城市之间的联系，以形象展示为首要选择的空间导致功能上的相互割裂，枢纽站大量人流带来的经济效应被禁锢于高铁站内部，使场站成为功能上的一座城市孤岛。

当城市空间设计的委托方为政府时，其体现的是权力机关的意志，而当一个公园的委托方是政府、公益组织和相关权益主体共同组成的时候，城市空间才会体现相关方的意志。

图 3-8 不同的空间形态塑造不同的城市活动
纽约中央公园（左）VS 上海市民公园（右）（含上海人民广场）

所有城市空间都是特定时期意识形态的投影

所有城市空间都是特定时期意识形态的投影，有人曾将城市设计分为三个阶段：为权贵、为效率、为大众。其产生的城市空间也形成了三种不同类型。

为权贵的城市设计注重视觉美学，注重几何秩序，以大广场、大轴线和纪念碑为主要设计元素，以彰显统治阶级的显赫地位。奥斯曼的巴黎改造计划，华盛顿的轴线规划，和古北京城的中轴线都是这种设计语言的代表城市。

为效率的城市设计是现代城市的主流设计观，其注重城市的经济效率和功能理性，往往会产生不合理的功能分区，城市建设的机械复制，以拆除重建为主的粗暴生硬的旧城改造，现代城市中的大型居住区、集中的商务中心、城市高架路就是为效率价值观的体现，由此产生的早晚高峰的钟摆交通和大量无趣的城市空间，这些后果并未考虑市民的实际生活体验。

为大众的城市设计，体现了充分的人本主义关怀，其注重功能混合以提升街区活力，注重人性化尺度的场所营造和空间品质。在这种价值观下，城市公园应该是充分满足居民休闲的需求，而不是城市形象的展示。上海人民广场试图将为权贵和为大众的设计手法合二为一，其最终演变成了为权贵和为形象。

上帝讨厌直线
——“截直取弯”的新加坡碧山公园

上帝的乡村和人类的城市

英国诗人库伯曾写出了“上帝创造了乡村，人类创造了城市”这样的诗句。上帝讨厌直线，因此大自然中少有直线的存在，我们常见的弯弯曲曲的河流，此起彼伏的山峰。在乡村里人类和自然和谐相处，人们依水而居，弯弯曲曲的河流为乡村带来了诗情画意。而在城市中，人类再也不甘愿一切按照枯燥的自然规律行事，而是开始改造自然，创造城市空间。在城市中，直线成为主导，笔直的城市道路，笔直的广场轴线、笔直高耸的高楼大厦，而弯曲的自然河流在一切都是直线的城市中显得那么的不自然，因此人类将城市中大部分的河流都重新做成笔直的河道，还将自然的河岸全部进行了水泥硬化处理。终于，改造后的河道和城市融为一体，成为人类城市的一分子。

“截弯取直”——城市建设进行时

在城市建设中，对河道“截弯取直”是常用的做法，在水利专家看来，顺直的河道更安全，能把水更加快捷的从城市地区排出。而从城市用地的角度出

图 3-9 城市中“截弯取直”的河道

发，将弯弯曲曲的河道拉直，可以节约大量的用地用于城市开发，尤其是寸土寸金的城市核心区，截弯取直可以产生巨大的经济效益。因此不管从城市安全还是经济效益来说，在城市地区对河道进行截弯取直都是无比正确的事情。这背后是人定胜天的强大自信。但事情的发展似乎没有那么顺利，顺直的河道并没有完全解决洪涝的问题，截弯取直后那些在原来河道上开发的城市土地侵占了原有的河道缓冲空间和自然渗透空间，使城市仍然会被雨洪侵袭，在城市内“看海”也成为常有的事；其次，在城市中人们只能站在高高的防洪堤之上或近或远的观望，人们似乎已经忘记了曾经亲手触摸自然河流的感受，聆听河流冲刷鹅卵石的声音，感受河流的原始魅力。

“截直取弯”——新加坡碧山公园改造的天时地利人和

“景观建筑师应对洪水的方式让人影响深刻。水文与生态的脉搏在此跳动。水獭的回归振奋人心，野生动植物与自然才是这里的主人。”

——2016年ASLA评审委员会对新加坡碧山宏茂桥公园改造方案时的评语。

正当城市中无数的自然河流被拉直筑坝的时候，新加坡碧山公园开始了逆向改造，公园内部加冷河的“截直取弯”似乎在向城市中所有遭受改造的自然河道发出了第一声抗议。而事实证明，弯曲的自然河道比笔直的人工河道更有生命力，防洪标准也更高。然而碧山公园加冷河的改造方式并不适用于城市的每一条河流。

碧山公园改造的天时、地利、人和

天时：每个城市的现代化和后现代处于不同的时间点，20世纪60—70年代，新加坡经历了快速的现代化与城市化，这一时期城市中大量修建混凝土排水与运河系统以防患大范围的洪水。加冷河河道被建设为混凝土沟渠，使得雨季时水可以快速排出。21世纪以来，人们开始对过往的城市建设方法进行反思，开始摒弃缺乏生态视角和人性关怀的纯工程化思维，加冷河的修复工程启动于2009年，正是处在城市后现代化改造时期。

地利：新加坡具有良好的城市规划并得以坚定的执行，城市以组团式模式发展，各个组团之间留有缓冲绿带，而碧山公园最初是为了在碧山居住新区与宏茂桥区之间形成绿色缓冲带，并提供一定的休闲娱乐空间。正是由于加冷河北侧的公园用地，才使得加冷河生态河道恢复和公园改造结合起来统一设计，才成就了现在的碧山公园。如果加冷河两侧均已作为城市开发用地，河道的“截直取弯”则是天方夜谭。

人和：城市改变，观念先行。水不再是单一的市政功能，同时注重了社区居民的社会效益和环境改造的生态效益。2006年新加坡国家水务局（PUB）发起了一项“活力，美丽，清洁”水计划项目，提倡改善国家水体，在满足给排水功能的同时，创造出供社区娱乐休闲的活力空间，促进社区融合。这为碧山公园的改造实施提供了“人和”基础。

图 3-10 新加坡碧山公园改造前后对比

图 3-10 为笔直的城市河道的做法，图 3-11 为“截直取弯”后的自然生态河道。

图 3-11 公园改造拆除了原有的水泥河道，采用生态驳岸设计

图 3-12 河漫滩设计思路

（设计方案基于河漫滩的概念，在雨洪时，整个河谷都可以作为行洪通道，而平时作为亲近自然的公园）

重见天日 1
——首尔清溪川的再生

在本书的第二章“动脉支架？——立体交通的反思”中详细介绍过首尔清溪川被覆盖到重新开挖并成为世界知名的城市观光景点的过程，它的意义不仅仅是对高架路思考，其河道变迁也值得我们研究讨论。

清溪川的没落到重生

日本殖民时期（1910—1945年），清溪川在韩语中的意思是清澈的山泉，沿清溪川两侧建立了大量棚户区，然而几十年的污水排放和垃圾倾倒，使清溪川散发着恶臭的气息，令周围居民苦不堪言；

1958年，开始对清溪川的全方位填埋，形成了混凝土路面；

1967—1976年，又在其上修建了快速高架路；

2003年，开始拆掉高架路，清溪川再次恢复溪水河流风貌，再次重见天日的清溪川为首尔带来的巨大的荣誉。

不是反思的反思

曾经贯穿城市核心的高架路，现在是游客和市民

图 3-13 高架拆除前后对比

最喜爱的休闲区域，这里有丰富的节日活动和日常表演，清溪川正在最大程度的融入城市核心区，并成为城市最不可或缺的一部分。

现在的清溪川里仍然保留的部分高架路水泥柱，它是一个时代的纪念碑，它不是要时刻提醒我们自己不堪回首的往事，它并没有逼迫我们时刻去反思历史的对错。

然而当清溪川还是高架路时，市民享受便利的高架交通的时候并没有认真的思考高架路有什么问题，当高架两侧居民每日习惯了交通噪声的时候，似乎也只能埋怨自己生活在大城市而不是田园自然中，当高架下的行人不得不小心谨慎的避开快速机动车的时候，也没有大胆的畅想过或许有一天能在河边自由的漫步。城市的运行有它本身的规律，总是受到时代观念、经济发展和政治因素等环境的影响和制

图 3-14 清溪川滨水休闲场景

图 3-15 保留的高架路水泥柱——历史的图腾

约。如果有什么是值得我们反思和讨论的，那就是我们应该时刻反省城市的本质是什么？城市如何让生活更美好？除了那些推动城市发展的技术革命，经济利益和时代因素，城市人文也终于可以加入到这股看不见的动力之中。

城市改革，观念为先，在此引用赵燕菁的一段话作为本节的结尾。

城市设计是引领而不是追随。

城市设计师应当告诉人们：

开车是无奈，步行才是时尚；

装饰是罪恶，简约才是道德；

炫富是弱智的标签，守拙才是大智的境界。

城市设计师应当告诉人们，什么是诗意的栖居，怎样是优雅的逝去。

重见天日 2
——广州荔枝湾揭盖复涌

荔枝湾的前世今生

“一湾溪水绿，两岸荔枝红”。这是昔日广州西关荔枝湾的写照，也是历代广州人的温馨记忆，荔湾区亦得名于此。荔枝湾一直是广州著名的风景名胜地，一度成为殷商显贵、骚人墨客集聚游玩之地。直到1958年，开挖的荔湾湖和保留一段与珠江相接的荔湾涌为明涌外，其他众多河涌多已填没、上筑房屋，或成为暗渠、上为道路。20世纪70—80年代，荔湾湖公园南缘的荔枝湾涌因生活和工业污水汇集，变成人见人厌的臭涌，因而也逃脱不了掩盖成暗渠的命运，其上就是今天的荔枝湾路。

揭盖复涌，重见天日

明代，荔枝湾为文人传颂，“一湾溪水绿，两岸荔枝红”，并以“荔湾渔唱”被列为羊城八景之一。

1950年之前，荔枝湾两岸停满了西关小艇，最受欢迎的是“艇上粥”的广东小吃，是市民休闲交流的生活场所。

1958年，荔枝湖开挖，同时部分支流河道被填埋。

1985年，荔湾湖至多宝桥的荔枝湾河道被覆盖。

1992年，泮溪酒家至逢源桥的荔枝湾河道也被覆盖，至此荔湾涌的名称一度成为历史。

2009年6月，荔枝湾揭盖复涌计划首次透露，将把荔枝湾路恢复为荔枝湾涌。

2010年4月21日，荔枝湾路正式挖路、截污，成为广州第一条揭盖河涌。

2010—2011年，荔枝湾整治工程一期投入4.2亿元。恢复“一湾青水绿，两岸荔枝红”的西关美景。

从1985年荔枝湾涌被分段覆盖到2010年揭盖复涌，荔枝湾被覆盖了25年的时间，荔枝湾是不幸的，然而相比首尔清溪川，其又是幸运的。首尔清溪川从1958年开始被填埋，到2003年重见天日花了45年的时间，广州荔枝湾被覆盖的时间将近缩短了一半。中国的城市化相较于发达国家而言更加迅猛，城市基础设施建设速度更快，荔枝湾被覆盖的25年也是广州发展速度最快的25年，而25年的经济发展却忽视了城市人文和生态自然的需求，如今的揭盖复涌重回骚人墨客集聚游玩之地，则是历史人文的再次“衣锦还乡”，是人本主义的“重见天日”。

图3-16 荔枝湾揭盖复涌前后对比

空中花园
——城市公园的另一种存在形式

我们的城市在看似千篇一律的宏观表象之下，充满了各种丰富多彩的微观奇景，城市公园在我们的心目中通常都是方形绿地的形式存在，然而正是千百个城市个体和千百年的城市发展为城市提供了众多奇思妙想的空间。空中花园就是这些奇思妙想中值得一说的重要成员，和巴比伦空中花园不同的是，这些现代城市中的空中花园成为居民日常使用的场所，并为城市带来了更多的活力。他们并没有花费很大的代价，甚至更多的是依托现有的城市空间进行改造而成。纽约高线公园、首尔路“7017”和悉尼The Goods Line都是改造而成，更加高效地利用了现状废弃的城市空间。而鹿特丹Luchtsingel天桥、乌特勒支Moreelseburg步行桥和巴塞罗那铁轨花园虽然都是新建而成的，其除了为市民创造了更多有趣的公共空间外，这些空中花园都成为链接城市重要公共空间的纽带。

世界各城市高线公园建设情况　　表 3-2

项目名称	纽约高线公园	首尔路 7017	悉尼高架公园 The Goods Line	鹿特丹 Luchtsingel 天桥	乌特勒支 Moreelsebrug 步行桥	巴塞罗那铁轨花园
实景照片						
改造或新建	改造	改造	改造	新建	新建	新建
形成原由	高线公园原是建于20世纪30年代的空中货运铁道线。20世纪80年代，弃用的高架铁路变成了城市的不和谐音符。1999年，“高线之友”组织成立，该组织致力于挽救高线，提倡将高线转变为公共公园。	“空中步道”被设计方命名为“首尔路7017”，70意为这座高架桥始建于1970年，17意为改造后的高架路将联通17条人行道，如此独一无二的设计是首尔市政府打造“步行城市”的一次大胆尝试。	将过去通往悉尼海港现在已经废弃的Ultimo海运线变为城市绿色公共空间	鹿特丹市中心重要地区被铁路和城市道路分割。建立起400米长的人行天桥用以连接—Pompenburg公园、Hofplein火车站屋顶花园、以及重要的城市商业公共空间与建筑。	Moreelsebrug步行桥在鳞次栉比的新建、修复、改造建筑中蜿蜒延伸，跨越繁忙的铁路，为骑行者与行人打通了连接Croeselaan地区与Moreelsepark的廊道。	建于上世纪的火车与地铁轨道占地30米宽的8条铁轨并列而行，延绵800余米，将城市一分为二，带来了巨大的噪音，进一步降低了城市空间的质量。
特色亮点	**开创性**：“保护”和“再利用”的世界典范。同时作为政治、生态、历史、社会和经济可持续项目	以人为本：首尔市城市发展从“以车为本”向“以人为本”理念转化的一个缩影。	**货运线**：其前身是货运铁道航线，因此这个高架公园被称为“The Goods Line”。	**众筹**：世界上第一个通过民间众筹建造的公共基础设施。	**形态**：设计形态优美、高效而实用。极具标示性的同时丝毫不显突兀。 宽阔的步行道如同一个悬空的狭长广场。	平衡兼顾：由于受限于技术与经济条件，业主方最终摒弃了将整套交通系统下埋于地底的方案，而决定用一个通透的“盒子”笼罩在铁轨上方。
建设费用来源及管理	纽约政府财政 管理：公园归纽约政府所有，由“高线之友”负责维护和运营。	首尔市政府财政597亿韩元（约合3.67亿元人民币）	悉尼政府财政 悉尼海港管理局	通过由‘I Make Rotterdam’众筹活动筹集资金，任何人花25欧元都可以买一块上面刻着他们的名字的面板。一共有超过8000块面板出售。	乌特勒支政府财政	政府财政 管理：城市管理局联合区域内的三个形成机构与社区委员会
建设效果	曼哈顿西部地区复兴的重要一环，高线已经成为该区域的标志性特色，并成为刺激投资的有力催化剂	通过与周边地区的优质资源整合，让老旧社区焕发新颜	脊椎般联系各个重要区域，比如中央火车站隧道，唐人街，情人港，公园以及各种文化教育媒体机构	以Luchtsingel天桥将所有区域贯穿为一个统一体。400米的人行天桥将不同场地连接形成协同作用。	连接铁路两侧，成为重要的步行通道，同时步行桥本身成为重要的开放空间	缝合城市，提供城市公共场所
建成时间	第一期2009年 第二期2011年	2017年	2015年北段完工	2012年	2016年	2016年

那些不一样的空中花园

巴塞罗那铁轨花园——朴实的实用主义者

巴塞罗那铁轨花园的设计方案并没有像美国波士顿大开挖（The Big Dig）一样，将割裂城市的交通廊道全部埋入地下，而是用玻璃盒子把运营中的铁路线罩起来，并进行了综合景观设计，形成了铁轨花园的方案。这些决策上的区别并没有孰高孰低，但不同的方案适用于不同的城市。波士顿大开挖在本书的第二章“动脉支架？——立体交通的反思”一节中有过详细阐述，其将高架路拆除并全线埋到地下，改造为地下隧道的方式来解决交通廊道对城市的割裂问题，整个工程耗时15年，耗资220多亿美元，被称为20世纪美国最大的城市工程。然而巴塞罗那铁轨线的改造并没有向波士顿高架路改造学习，其否决了将整套轨道系统埋入地下的工程方案，也许正是因为看到了波士顿改造工程耗时耗资等众多问题才采取了一种平衡兼顾的方案，用适宜的技术和适宜的投资额度最大化改善现有问题，而改造的结果也很理想，可见并不存在最佳方案，也不是投资越多效果越好，而是因地制宜地提出针对性和创意性的方案才能得到最好的结果。

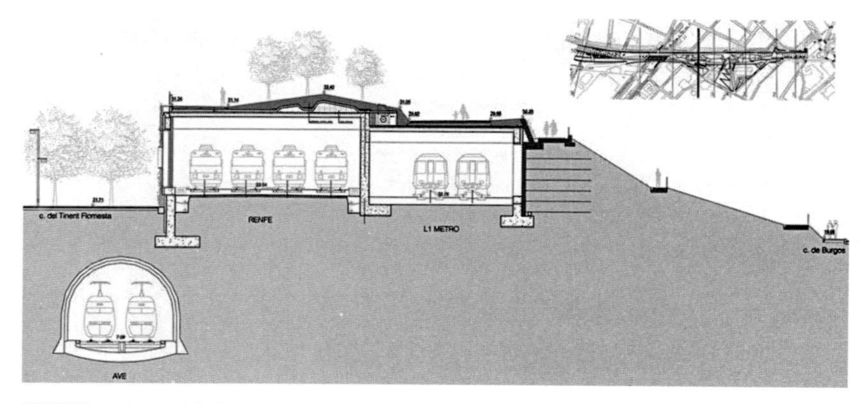

图 3-17 巴塞罗那铁轨花园改造剖面图

图片来源：https://www.gooood.cn/raised-gardens-of-sants-in-barcelona-by-sergi-godia-ana-molino-architects.htm

鹿特丹的Luchtsingel天桥——民间众筹的公共设施

位于鹿特丹的Luchtsingel天桥是世界上第一个通过民间众筹建造的公共基础设施，荷兰鹿特丹城市核心区被火车轨道和城市道路割裂长达几十年，Luchtsingel人行天桥是由ZUS设计事务所设计并向大众发起众筹。通过由“I Make Rotterdam”众筹资金活动开始筹集，任何人花25欧元都可以买一块上面刻着他们的名字的面板，一共有超过8000块面板出售。Luchtsingel人行天桥长达400米，跨越了拥有有四条轨道的火车线路、双向八车道加双向两车道有轨电车的城市道路和两座重要的公共建筑，其沟通了众多城市公共功能，并创造了新的丰富有趣的公共场所。这些创意想法的落地让人们充满信心，设计不仅仅为城市描绘了美好的城市未来，还可以充分集中公众的力量，凝聚社会共识，这些生活在城市中的人亲手参与了城市的更新活动，让美好的设计落地成为现实。

● **为什么这次众筹如此特殊？**

首先要分清楚众筹与慈善、众筹与商业和众筹与公共服务设施三者之间的区别。现代城市社会，众筹在社会保险不充分的情况下承担了一定的应急功能，借助互联网这个低交易成本的工具，可以收集每一个网民微博的爱心，聚沙成塔从而为一位身患重病而无钱医治的患者提供帮助。而众筹也应用在商品开发的初期，其成为风险投资的大众版本，一个商品只要有好的创意和可实施的路径，在创业初期，即可以通过众筹的方式获得启动资金。而众筹却很少应用在城市公共服务设施上，这也是为什么鹿特丹的Luchtsingel天桥如此的具有特殊性的原因，那为什么众筹很少应用于城市公共服务上呢？众筹在以前的乡村或者是更早的聚落是很普遍，村民经常集资修一条村路，或者挖一个水井供全体村民使用。而众筹在城市反而成为稀缺品，是因为城市内的税收和公共产品在制度上的分离，在第五章“源头：城市的制度基因——从‘常驻的匪帮’到‘现代政府’”一节中充分的描述了城市的制度机制，简单来讲，在最早的城市制度原型中，常驻的匪帮固定在一个聚落，聚落居民上缴自己的收入盈余，而常驻的匪帮提供了安全保护服务和城墙等物理产品，这就形成了最早的税收和公共产品。在现代城市中，居民纳税给城市政府，城市政府提供居民公共产品，这些公共产品包括城市道路、广场、公园、市政设施等。在鹿特丹的Luchtsingel天桥这个案例中，人行天桥具有重要的公共功能，具有明显的公共产品属性，而当政府不能提供这项公共产品，民众再也无法忍受人行天桥缺失带来的痛苦的时候，他们就开始通过众筹这个方式，自己为自己打造公共产品。这对于城市市民来说，是奋斗的骄傲，但对于政府来说，却是不作为的体现。

图3-18 刻有参与众筹的市民名字的天桥

图片来源：https://www.gooood.cn/luchtsingel-by-zus.htm

首尔路“7017”——步行城市实践

韩国首尔市正在努力创建步行者城市，从20世纪60年代，首尔市大规模的修建高架路开始，到21世纪初开始拆除高架路恢复清溪川，进行首尔路“7017”高架步行道改造，首尔都在以实际行动展现了从以车为本转向以人文本的发展思路。让人们开始反思机动车和城市的关系。现代城市生活已经越发依赖机动车出行，但不同的城市地区应该采用差别化的交通策略，这和城市空间的公共化程度以及开发强度有直接的关系，越是城市核心区越应该发展地下公共交通，并将城市地面还给步行者使用；而在城市一般地区和城市郊区则可以发展私人机动车和慢行交通相结合的出行方式。

图3-19 首尔路“7017”高架步行公园

图片来源：https://www.gooood.cn/seouls-skygarden-mvrdv.htm

注释

【1】 郭秀锐，杨居荣，毛显强. 城市生态足迹计算与分析——以广州为例［J］. 地理研究，2003（5）：654-662.

【2】 王银洁. 北京市生态足迹研究［D］. 首都经济贸易大学，2011.

【3】 周静，管卫华. 基于生态足迹方法的南京可持续发展研究［J］. 生态学报，2012，32（20）：6471-6480.

【4】 谢苗苗，王仰麟，付梅臣. 城市地表温度热岛影响因素研究进展［J］. 地理科学进展，2011，30（1）：35-41.

【5】 陈辉，古琳，黎燕琼，等. 成都市城市森林格局与热岛效应的关系［J］. 生态学报，2009，29（9）：4865-4874.

【6】 徐英. 现代城市绿地系统布局多元化研究［D］南京：南京林业大学，2005.

第四章〈

明眸——城市的心灵窗口

大部分建筑是“沉默”的
有些建筑是“会说话”的
可是“会歌唱”的建筑却很难见到

——法国诗人、哲学家保罗·瓦列里（Paul Valery）

什么是城市明眸

眼睛是人类的心灵之窗，那什么才是城市的明眸？

法国诗人、哲学家保罗•瓦列里（Paul Valery）的名言：大部分建筑是“沉默”的，有些建筑是“会说话”的，可是“会歌唱”的建筑却很难见到。我们并不需要城市里的每一栋建筑都会“唱歌”，那样城市将会“喧闹无比”，但必须要有会“唱歌”的建筑，它会为一个城市带来美妙的“音乐”，成为一座城市的“发言人”，代表着一个城市的文化内涵。

在古代城市中，统治者会耗费巨大的人力物力来修建精神建筑，例如埃及金字塔、北京天坛、西安大雁塔、巴黎埃菲尔铁塔等，这些建筑都被赋予了一种向天空生长，与神交流的意愿，这些城市中的构筑物具有神性的特征，是整个城市人民的精神寄托，也是尘世联通世外的精神之窗。

现代城市，人们不再向往和神互动，城市中的标志物开始融入市民的日常生活，这些标志物有他们自己的官方名称，又往往具有戏谑的民间称谓，国外有巴黎卢浮宫“玻璃金字塔”、芝加哥云门“豌豆荚”、悉尼歌剧院“帆船”等，国内的有苏州金鸡湖的“东方之门”、广州的新电视塔“小蛮腰”、北京的央视总部大楼，这些城市的地标建筑使城市更加知名，那么他们是否就是城市的心灵之窗？

我们塑造了我们的城市，我们的城市也在塑造我们，一个可感知的，能让人产生共鸣的地标比建筑的漂亮外形更重要，感受一座建筑比看到它更加重要。那些虽然很漂亮，但却拒人千里之外的建筑并不能称之为城市“明眸”。北京的国家大剧院坐落于水面之上，美丽的半圆形轮廓映着余晖会反射出漂亮的光芒，然而身处北京历史城区，一个大体量的后现代建筑与周围的红墙黛瓦的历史建筑格格不入，它的存在只会扰乱你的体验，而不会产生城市的共鸣；坐落于芝加哥千禧公园的芝加哥云门，被人们戏称为“豌豆”，成为市民和游客参观的圣地，后现代艺术造型和现代城市背景融为一体，当你站在它的面前，你会被现代艺术所感染。因此，城市的明眸不一定需要高大、闪耀的外表，却必须具有能让人与之共情的感受体验。

图 4-1 中外城市地标建筑（构筑物）对比

明眸的建筑思维 VS 城市思维
——“毕尔巴鄂奇迹”与“底特律大衰败”

城市需要明眸，但明眸却无法改变城市。城市明眸可以为一座城市的复兴带来奇迹，但大多数时候无法阻止城市跌入错误决策的深渊。毕尔巴鄂和底特律就是这两种不同命运的典型城市。在毕尔巴鄂，一座建筑改变了一座城市；而在底特律，再多的标志建筑也无法阻止城市的衰落。建筑师对于建筑的控制远远高于城市规划师对于城市的控制，从建筑思维和城市思维出发思考城市“明眸”的两种不同结局。

明眸的奇迹——一座建筑改变一座城市：毕尔巴鄂效应

西班牙毕尔巴鄂的知名度在全球来说并不高，但却是欧洲文艺青年心目中的艺术圣地，也是欧洲现代艺术的中心之一。毕尔巴鄂曾是欧洲重要的钢铁及造船业中心，但20世纪80年代的经济危机和洪灾重创了这座城市，城市经济增长乏力，城市人口减少，城市滑向了衰退的边缘。而1997落成的古根海姆博物馆挽救了这座城市，成为充满生命力的艺术文化之城，成为欧洲文化界人必躬逢之盛的城市。2004年获得了威尼斯双年展世界最佳城建规划奖，2009年毕尔巴鄂击败纽约、伦敦、墨尔本等77个城市获得首届“李光耀世界城市奖”。哈佛设计院称之为“毕尔巴鄂效应”。

毕尔巴鄂明眸——古根海姆博物馆

古根海姆博物馆是世界上著名的私立现代艺术博物馆，创办于1937年，总部位于美国纽约。毕尔巴鄂的古根海姆博物馆由解构主义建筑大师弗兰克·盖里设计，其夸张的材质和外形与周围19世纪的传统建筑形成了鲜明的对比，宛若一颗灿烂的明珠。之后很多城市效仿毕尔巴鄂做法，但他们想要得到的“毕尔巴鄂效应”最后大多数都变成了“毕尔巴鄂异常”，即这种促进城市转型的效应并未发生。那是什么形成了毕尔巴鄂明眸的奇迹?

毕尔巴鄂奇迹的天时、地利、人和

毕尔巴鄂在20世纪80年代曾陷入困境。经济危机沉重打击了这里赖以生存的重工业基础，又不幸遭遇了1983年洪灾对城市中心的破坏。城市发展寻求转型，巴斯克自治区政府实施了城市复兴的规划，目标是将毕尔巴鄂建成国际性的商贸、文化和旅游中心。20世纪90年代初，古根海姆基金会在欧洲寻找馆址之时，古根海姆博物馆馆长Thomas Krens倾向的城市是沃尔夫斯堡、巴塞罗那或者塞维利亚这一类的文化名城，但当时正处在欧洲对美国文化入侵的高度警惕与抵触的时期，最终古根海姆博物馆和这些文化名城失之交臂，选择了西班牙北部分离主义巴斯克地区首府毕尔巴鄂。毕尔巴鄂城市复兴的萌芽时期、欧洲反美文化的高涨时期和古根海姆进入欧洲时期，三个时机不谋而合才促成了毕尔巴鄂古根海姆博物馆的落地，此为天时。

毕尔巴鄂位于西班牙最北部的滨海地区，与法国、英国、德国接近，两个小时的飞机航程能辐射欧洲大部分重点城市。自博物馆落成以后，已经吸引了超过2000万名参观者，其中超过60%为海外游客，此为地利。

除此之外，一个具有前瞻性的、了解文化投资价值的地区政府和决策者才能有如此魄力推动博物馆的建设，对于一个工业衰落的城市，政府能投入2.3亿美元启动资金来建设古根海姆博物馆，其本身需要政府和决策者的高瞻远瞩。同时，自文艺复兴以来，欧洲人一直保持着对文化艺术的热情，形成了常逛博物馆的爱好和习惯，毕尔巴鄂的古根海姆博物馆能看到其他展馆无法展出的画作，包括毕加索、康定斯基、保罗·克利、安赛尔姆·基弗等，同时博物馆周边汇聚了众多艺术院校、画廊、艺术街等。这极大地吸引了欧洲的艺术爱好者，毕尔巴鄂成为一种艺术现象的象征："欧洲文艺青年的文化苦旅"。一个强有力的决策团队和普遍拥有艺术追求的欧洲青年人两者结合促使了城市转型的成功，此为人和。

失败的复制品

有不少城市效仿毕尔巴鄂，希望依靠博物馆、美术馆、画廊等建筑效应来振兴地方文化和经济，但均以失败告终。比如美国拉斯维加斯、纽约SOHO和柏林的古根海姆博物馆均被关闭；西班牙阿维莱特的艺术博物馆经营举步维艰，甚至在2011年关闭过一段时间；立陶宛首都维尔纽斯和芬兰首都赫尔辛基的古根海姆博物馆计划均因为商业和政治原因半途而废。这些失败的实践经验证明了毕尔巴鄂效应很难被复制。毕尔巴鄂效应产生的天时、地利、人和三者缺一不可，其他和毕尔巴鄂相类似的城市也仅仅是表象类似，而在内在因素上没有相似性，甚至完全不同。例如拉斯维加斯并没有欧洲的文艺氛围，人们并没有形成逛博物馆和美术馆的习惯，因此也并不会吸引人们前去参观，同理在中国内陆地区的城市想要依靠美术馆等设施发展文化旅游也是难以成功的，中国城市中缺少的并不是美术馆和博物馆，而是人的艺术素养的提升，缺少的是人的“文艺复兴”。

明眸的失败——底特律大衰败

毕尔巴鄂奇迹是难以复制的，这在底特律得到了更加充分的验证，即城市明眸只能锦上添花，不能雪中送炭，更无法推动城市复兴。

底特律的故步自封——从衰败到破产

第二次世界大战后期，美国的城市发展进入后工业化时代，美国东部和中部传统的工业城市中，城市人口不约而同地开始降低，这些地区被称为“锈带”，形容工业的衰败像机器生了锈一样，从1950年到2007年，底特律人口缩减了55%，圣路易斯人口缩减了59%，克利夫兰人口缩减了55%，辛辛那提人口缩减了41%，费城人口缩减了30%[1]。很多城市开始转型，丹佛、匹兹堡、波士顿等城市都通过发展服务业、文化产业、新兴技术产业等进行了城市复兴，然而此时的底特律依然坚持走工业制造的老路，从1963年纽约时报的一期头版文章《汽车城高歌猛进》中可以看出底特律错误的坚持和自信。底特律汽车工业一直呈现衰退状况，直到2013年7月，底特律市负债超过180亿美元，正式申请破产保护。2013年12月，破产法案通过美国联邦法院裁决，底特律市获得破产保护。

底特律失败的“明眸振兴”计划

从20世纪70年代到21世纪初，底特律投资建设了多个地标建筑，试图进行城市复兴。

70年代初，亨利·福特二世修建的滨河办公超高层建筑群——底特

图 4-2 毕尔巴鄂和底特律城市明眸对比

律文艺复兴中心，甚至建筑的名字也在试图利用建筑来复兴城市。

80年代末，历史悠久的福克斯剧院（Fox Theatre）得到了修复，希望能够激活城区的再开发。

2004年，康博软件总部大楼开始建造，这也是底特律近十年里兴建的第一座标志性建筑。

然而这些举措就像投入大海中的石子，除了激起了短暂的小浪花之外，并没有缓解底特律的衰败，2013年12月，底特律宣布正式破产。

“人”才是城市的“明眸”

同样是曾经衰落的城市，毕尔巴鄂和底特律走向了两种完全不同的未来，城市“明眸”在其中的作用也是天壤之别，依靠建筑效应来振兴城市经济的做法只能在极特殊条件下才能成功。

城市的含义是城市里的居民，而不是城市建筑，底特律建造华丽的大楼和剧院不能拯救这个城市的衰落，事实刚好相反，这个城市已经拥有了过多的基础设施和建筑。复兴底特律，需要依靠底特律的人，而不是底特律的建筑。在20世纪50年代，纽约是美国最大的服装生产基地，它雇佣的工人比底特律的汽车产业还多50%，当全球化开始，纽约进入衰退，随后纽约积极寻求转型，以商业、技术、创新和金融为基础的产业升级使纽约再次站在世界城市之巅。Edward Glaeser在《城市的胜利》中说：“一个衰落的曾经辉煌的城市，人们往往错误地把一座城市和城市的构成混为一谈，城市是一群彼此相关的人类群体，重新振兴这些城市需要彻底抛弃原来的产业模式，就像一条蛇褪去它的表皮一样，在一座城市成功振兴以后，蜕变往往是非常彻底的，以至于我们忘了它曾经是一座工矿城市，一座工业城市”。

形而上学的明眸符号
——上海浦东三子

摩天大楼建筑是全球各大城市势力的象征，摩天大楼高度的背后是一个城市的经济高度和消费高度，因为只有拥有足够的资金支撑和消费需求，才能完成如此浩大的工程。因此世界各地新开工的摩天大楼均不会公布自己的设计高度，以防其他城市的同时期设计的摩天大楼超越自己的高度。和传统建筑金字塔、西安大雁塔、巴黎埃菲尔铁塔一样，更高的建筑象征着更高的权威，摩天大楼成为现代城市的精神符号。

上海的金茂大厦、环球金融中心和上海中心大厦先后落成，并称为浦东三子。上海用相邻的三座摩天大楼向世界宣示：上海跨入世界顶级城市的行列。巧合的是，三者都出自美国设计师之手[2]，均融合了中国元素。

金茂大厦——开封铁塔

金茂大厦的设计采用了逐层收进的塔形造型，和中国传统建筑中的“塔”有异曲同工之妙，开封铁塔作为中国“塔”的代表，素有“天下第一塔”之称，始建于1049年，至今900多年，经历了37次地震、18次大风、15次水患，而魏然屹立[3]。金茂大厦的设计灵感即源自开封铁塔，两者均为八角设计（金茂大厦上半部分为八角设计）；均采用上下收分的结构，从底层到顶部层层收叠，形成了比例协调的外观，同时采用了玻璃与钢的外壳，将历史内涵装进现代的躯壳内。回顾金茂大厦的建筑方案评选时，15个评委中有10个中国人、4个美国人、1个日本人。中国专家大都喜欢日本事务所日建的方案，而作为唯一的一个日本评委，黑川纪章却坚持选择美国SOM公司的方案。其对最后入围的两个方案进行评论时说："日建的方案的确非常优秀，但他却没有中国乃至上海的任何影子，它可以放在纽约、放在东京、放在世界任何一个角落。假如日建方案最终取胜，对我来说，反而是一个羞辱。"最后胜出的方案采用了中国"塔"的元素，与现代摩天大楼跨越时空形成第一次形象符号的交融。

环球金融中心——天圆地方

美国KPF公司总裁威廉·帕德森说，金融中心的设计灵感原本来自于中国传统文化中对于"天地"的理解，正是天圆地方的意思。上部圆孔的设计灵感来自苏州园林中月亮门洞的造型，而且，50米直径的"圆洞"就是不远处"东方明珠"第二个球的大小，空心圆洞与实心球体正好形成一虚一实、遥相呼应的艺术美感。然而，由于环球金融中心由日本企业投资控股，其造型被过度解读为日本军刀和日本军旗，这在中国引起了民众强烈的反对，使得设计方案不得不做出修改，将圆形改为梯形设计，而世界上所有的建筑形态都可以解读为完全不同的含义，修改后的方案虽然不存在了日本军国的"映射"含义，但也缺失了中国"天圆地方"的符号象征，就像前文所述那样，这种通过意向和符号来表达的中国文化本身除了象征意义之外，并不能完全承载中国文化的内涵精神。

上海中心——“龙”形设计

上海中心的形态是一个缓慢螺旋上升的优美的曲线，设计理念源自“发展的螺旋”，表达了腾飞向上的上海精神。从外观上看，上海中心像一条盘旋上升的“巨龙”，寓意中国“龙”的传人与时代脉搏的结合。在这个表象之外，是建筑师对建筑技术难关的不断攻克和绿色节能的追求，上海中心采用了双层玻璃以节约能耗，设计师司马溯将上海中心比作一个保温杯，称“这栋建筑为未来75年节省的能源，足以用来建成另一座上海中心”。上海中心作为上海的第一高楼，其承载文化内涵已经超出了建筑技术本身，而将文化和技术结合，是上海中心成功的关键。

虽然在设计上，浦东三子都采用了中国符号，把中国优秀的传统元素运用到现代化的摩天大楼上，但是工作在这些大楼中的白领、居住在大楼周边的居民、到此一游的游客以及只在网上看过照片的网民都不会联想到这些“隐晦”的中国符号。相反，他们给浦东三子起了更加“形象”的外号，金茂大厦为“注射器”，环球金融中心为“瓶起子”，上海中心为“搅拌器”。这些生活化的标签通过网络传播发酵更加深入人心，人们在感叹这些工程的宏伟时，并没有想要理解这些城市“明眸”背后形而上学的形象深意和文化内涵。

图 4-3 上海浦东三子的设计灵感来源

从中国历史传统中获取灵感，成为国外设计师在中国建筑设计投标中的惯用手法，而这种通过意向和符号表达出来的中国文化除了具有象征意义之外，是否能承载起中国文化内核精神？这种思辨除了会引向形而上学的无意义讨论，不会有更多的实际意义，而这种融合了西方现代技术和中国传统文化的设计正在塑造着中国当代城市的历史。

都市更新下的“政+民”综合楼
——东京生命之树

政府办公+市民居住——东京生命之树

新建的丰岛区政府办公楼位于池袋副都心区的核心位置，更新改造前为一座废弃的学校和质量低下的住宅和商业区，地块的经济价值没有得到充分发挥。同时由于丰岛区政府原办公建筑体量较小，不能满足政府办公需求，因此此地块成为政府新办公楼的选址。如何协调政府办公和原地居民拆迁补偿的双重需求成为地块更新的关键。项目从2003年7月启动并开始与居民沟通，2005年居民和区政府联合成立开发委员会，2009年设计工作正式开始，2011年设计方案获得所有权益方的同意并开始建设，2015年3月竣工。得益于日本的《都市再开发法》和《都市更新特别措施法》中对城市重点地块更新的政策支持，建筑方案的容积率达到7.9，除了满足政府办公、原地居民拆迁补偿之外，多余的建筑面积可以用于出售，以支持建筑的建造费用。这个大楼地下3层，地上49层，其中1层和3至9层为区政府的新办公地点，11~49层是住宅，共有432户，其中作为原地居民补偿公寓的为110户，其他公寓均为出售公寓，负责开发的房产公司“东京建物”介绍称，公寓房售价从3400万日元至

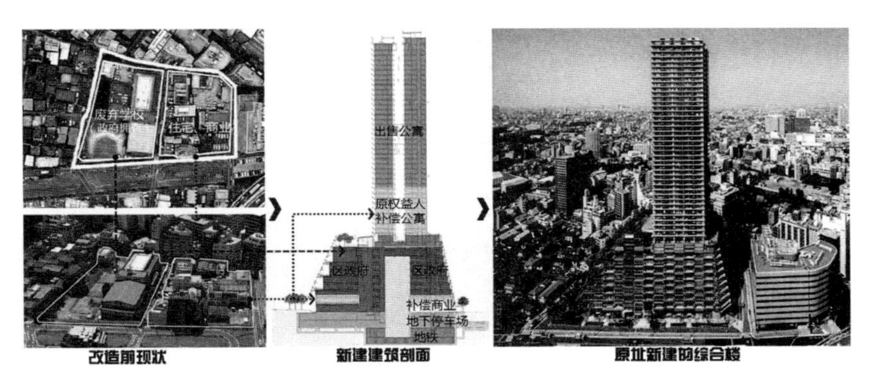

图 4-4 东京丰岛区政府办公和居民住宅综合楼的更新过程

2.1亿日元不等，7周时间便销售一空，区政府实现了一般预算的财政零负担。

建成后的东京丰岛区政府办公楼也被称为东京生命之树，是日本第一座融合政府办公和住宅的综合楼，大楼满足了各方权益人的需求，获得社会各界的高度赞赏，成为城市更新创新举措的标杆。城市建设存在着周期效应，存量落后地区的更新成为城市可持续发展的重要保障。

创新的城市空间不仅需要创新的政策支撑，也需要从人们的观念入手，当“官”和“民”都可以和谐地融入同一栋建筑中时，几乎所有的城市功能都可以相互融合，建筑功能将被重新定义，城市将不再是一栋栋相互隔离而又毫无关联的建筑个体，而是复杂化和多样化的融合空间，进而催生更多的创意和交流，提升城市价值。

注释

【1】 Mallach A.Facing the Urban Challenge: Reimagining Land Use in America's

Distressed Older Cities—The Federal Policy Role [J] . Brookings Institution, 2010：72.

【2】 金茂大厦、环球金融中心和上海中心分别由美国 SOM 设计事务所、美国 KPF 设计事务所和美国 Gensler 设计事务所设计.

【3】 数据来源：开封铁塔官网，www.kaifengtieta.com.

第二部分

面具之下——逻辑

制度——城市的源头

竞争——大城市和小城镇的竞争优势

矛盾——中国城镇化的矛盾与出路

改革——城市改革的多维视角

跨界——跨界融合新时代

启示——可证伪的才是科学的

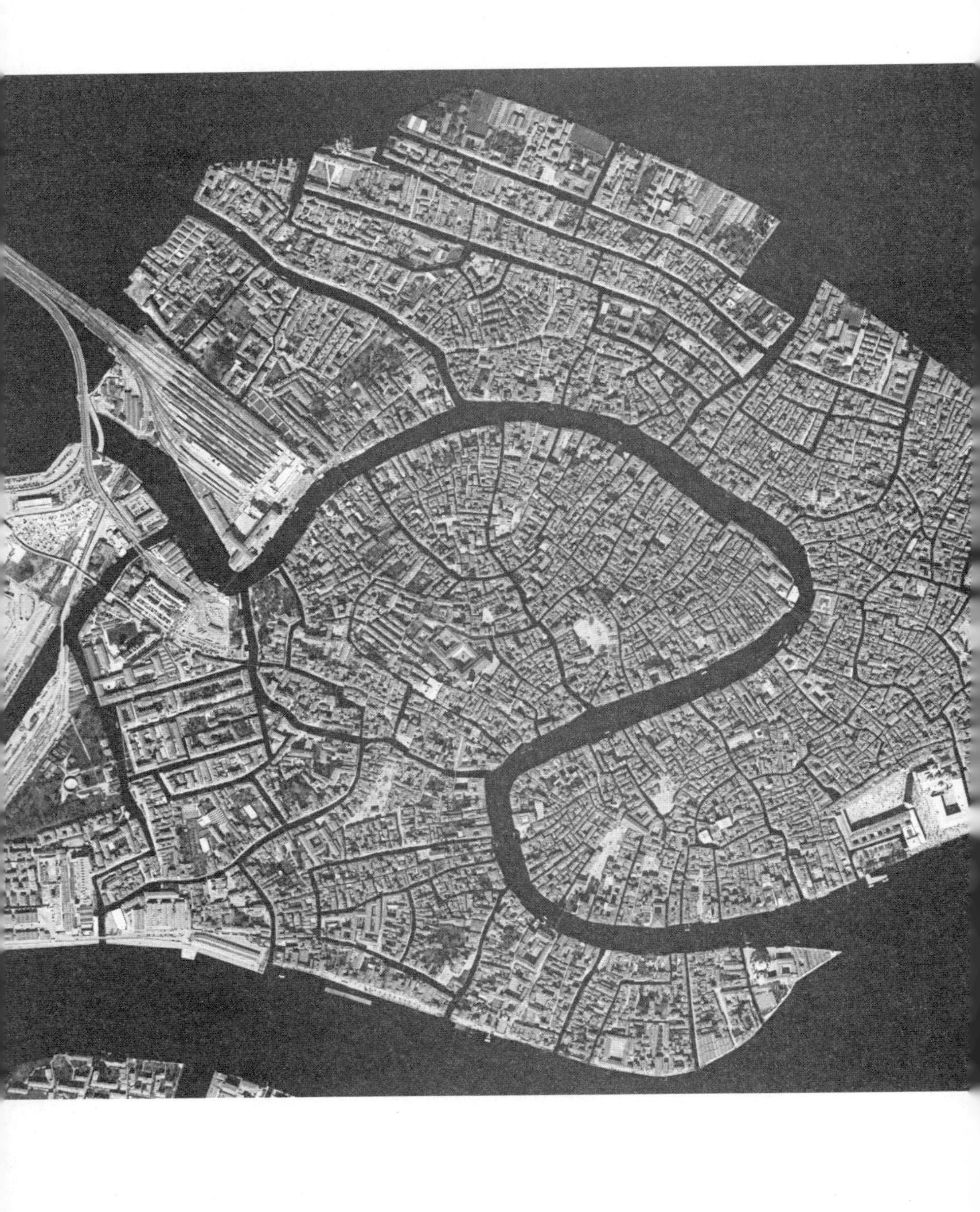

第五章〈

制度——城市的源头

正是城市居民多样化的需求给简单固化的城市空间造成了极大的挑战

创新城市首先需要创新的是中国城市建设制度

源头：城市的制度基因
——从“常驻的匪帮”到“现代政府”

奥尔森“流动—常驻的匪帮”（roving-settling bandit）政府模型

国内学者赵燕菁在其论文《城市的制度原型》中提出区分城市和聚落的区别在于是否有“公共产品”和“税收”，这两项是城市形成判断的必要标准，其理论来源于奥尔森（Olson）提出的“流动—常驻的匪帮”（roving-settling bandit）的政府模型，奥尔森在其著名的著作《独裁、民主和发展》中提出了常驻的绑匪理论，此理论模式是通过一个假想的现象来解释的，流动的匪帮通过四处抢劫来生存，其总是最大化自己的抢劫利润，聚落居民由于劳动成果无法得到保障而无法提高劳动和交易的积极性，造成聚落生产量下降，匪帮也无法获得稳定的抢劫收益，是一种双输的结果。而直到其中一家匪帮开始固定到一个聚落，帮助聚落的居民抵抗流动的匪帮，并开始修筑城墙，保护聚落居民和财产安全，而居民给匪帮提供一定比例的劳动成果作为报答，匪帮也不用担心抢劫成果的不确定性，从而使双方形成了双赢的结果，这就形成了城市的原型：固定的匪帮和安定的聚落。对上述假想现象的分析，城市原型的两个最基本要素就是“公共产品”和“税收”，固定的匪帮提供给聚落居民的“公共产品”包括修建城墙并抵抗流动的匪帮，保障聚落的安全；而聚落居民上缴的“税收”则是劳动成果的盈余部分。

“常驻的匪帮”的模型发展

随着生产力的发展，聚落居民的税收会逐渐增加，而其需求也跟着增加，除了保障安全的城墙和军队外，还需要通行的道路，聚会的广场，使孩子接受教育的学校和医疗设施等，这些需求也促使了固定的匪帮的成长，发展成聚落居民服务全能型产品的提供者，而此时其已经脱去了“固定的匪帮”这个不雅的帽子，成为城市政府的雏形，此时这已经是一个趋近完善的城市模型了。无论管理者提供的服务如何多样化，居民需要缴纳的产品如何复杂，其仅仅也是“公共产品”和“税收”分类的具体扩充而已。

现代城市——从“公共产品”+“税收”的双要素出发

在早期的聚落中如果没有固定的管理者提供的公共产品和居民上缴的税收，其规模再大也只是人口的积累而已，因此最早形成的城市需要税收和公共产品两者的结合。在现代城市研究中，城市规划重点关注的是城市公共产品的提供，在税收方面的研究有所欠缺，这成为城市规划学科研究城市发展的缺陷，本书中，除了研究公共产品，还关注到了城市的制度、经济、城市发展指数、城市化与中等收入陷阱等方面，尽量从全视角研究城市规划学科的发展。

发展：为什么非城市规划不可
——自由市场的失效与集体行动的谬误

当固定的城邦演变成越来越大的城市，多个城市联合形成更强大的国家，进而衍生出从城市到地方再到中央的政府机构，政府和居民从最开始简单的互惠互利的关系演变成更加复杂的共生体系，再加上复杂的宗教组织、企业组织和公益组织等，城市的运行再也不能靠简单的契约精神来维系，产生了各种治理体制，从市场经济到政府管控，从社会组织到国家体制，从科学科研到法律法规等形成了庞大的运转系统。城市规划即其中重要的一环，其主要负责城市的空间布局，尤其是涉及公共产品的城市空间，例如城市道路、城市广场、市政设施和公共服务设施等方面。

在现代市场经济发展以来，公共产品从严格意义上解释，也属于一种经济配置资源，公共产品能否通过市场这只无形的手进行配置？为什么非城市规划不可？

公共产品的“非盈利”属性

微观经济学的基础模型即供给和需求模型，其中市场的供给方提供商品的策略是利润最大化，市场不会提供没有利润的商品，而公共产品本身并不能带来利润，这源于公共产品具有使用上的非竞争性和受益上的非排他性，即一部分居民对产品的消费不影响其他居民对产品的消费，例如公园和城市道路，一个居民的使用并不会给另一个居民形成竞争关系；同时产品在使用或升级过程中所产生的利益并不能被一部分专享，例如，城市公园或道路的扩建，每个人均可以享受公共产品升级带来的好处。市场并不会提供这种公共产品，而近些年来私立学校、私立医院甚至通过市场融资修建的跨海大桥等类公共产品，其需要向消费者收取直接服务费用，具有受益上的排他性。而这种私人或企业提供的与公共产品同功能的商品能否替代公共产品呢？

首先公共产品的非竞争性和非排他性具有最高效率运行的特征，例如开放的公园和城市道路不需要增加额外的交易成本即可以被充分使用，而市场提供的商品需要增加收费站和门禁等设施，增加了直接交易环节，降低了产品的使用效率；其次，市场提供的类公共产品一般为公共产品的补充，其弥补了少数人特殊需求，并不能完全代替公共产品，例如高端的私立双语小学，其需要巨额的学费，而其满足的也仅仅是少数愿意为教育增加额外巨额支出的居民。因此公共产品是利用税收，用来满足大多数居民的需求的产品，其不能通过市场提供，而城市规划作为城市公共产品最重要的配置方法，具有天然的不可替代性。

土地的“非自由”市场属性

城市规划除了对公共产品的配置外，还对城市出让土地的功能、开发指标、土地上的建筑风貌进行规划指导和控制，城市土地开发规划不能通过供给和需求这只市场无形的手进行合理调控。这是因为土地的外部性导致土地市场不是一个“自由”的市场，具体表现在下面三个方面：

● **土地开发的外部性**

一块土地的开发会影响周边土地，而普通商品却不会，例如公园用地会提高周边住宅用地的价值，此时公园用地具有积极的外部效应；而垃圾填埋场用地会给周围用地带来噪声、污染等消极的外部效应，会给居住在其周围的居民带来负面影响，这是常提到的邻避效应；再者土地的开发指标同样会对周围用地产生影响，过高的建筑会遮挡其北侧地块的光照。普通商品则不同，例如一个面包的消费过程并不会给其他消费者带来积极或消极的影响。因此不管是积极或是消极的外部效应，均需要规划进行提前合理的布置。

● **土地开发的确定性**

一个地块的开发建设具有确定性，一旦开始动工建设，都不容易进行临时调整或更改，其不像一般的消费商品，可以退换货，因此地块开发需要对其建设指标进行充分论证，对建筑高度、开发量、容积率等提前规划，因此城市规划对于地块开发的确定性具有预先确定的功能。

● **土地开发的整体性**

一个企业的决策基于其企业本身的利益最大化，其考虑的是个体最优而不是市场整体最优，但城市建设除了要考虑单个地块的开发效益，还要考虑到地块作为城市的一部分所需要承担的责任和义务，城市规划即从整个城市的范围进行基础设施、道路系统、绿地系统等统筹安排。

因此城市规划可被用来确保“外在性”的“内部化”，防止不良“外在性”对城市生产和生活的影响，同时提供地区开发的稳定性，并制定整体性的基础设施和公共设施的计划，市场经济需要制度的保障才能成为自由的市场，而城市规划就是城市土地市场的制度。

公用事业的自然垄断

城市发展建设的过程中会产生多个自然垄断的行业，所谓自然垄断亦称“自然寡头垄断”。某些产品和服务由单个企业大规模生产经营比多个企业同时生产经营更有效率的现象。如自来水、电力供应，电信、邮政等。由于存在着资源稀缺性和规模经济效益、范围经济效益，使提供单一产品和服务的企业形成一家公司（垄断）或极少数企业（寡头垄断）的概率很高。因此一个城市内，这些公用事业行业一般仅有一到两家国有企业垄断，市场竞争只会造成低效率和重复建设浪费，这需要政府对企业进行规划管制。例如在城市供水行业，供水管网和给水厂的建设成本极高，而供水系统一旦建设完成，其运营成本又较低，因此城市自来水的收费不能完全按照运营的低成本来定价，又不可能按照基础投入的回报率来定价，这需要政府进行综合性的管理，包括价格和空间规划。其中城市规划从给水厂的选址到供水管网的系统规划进行全面介入。而近几年常提出的地下综合管廊，虽然提出了例如PPP等多种手段的开发方式，由于其极高的建设成本、网络的整体性和网络路径选择的最优化，更需要提前进行系统性的规划。

市场逻辑的“合成谬误”——个人理性导致的集体非理性

合成谬误（Fallacy of Composition）是萨缪尔森提出来的。意即，对局部说来是对的东西，它对总体而言未必是对的。

- **集体行动的逻辑**

美国马里兰大学教授奥尔森在其著作《集体行动的逻辑》中明确阐述了一个问题：为什么个人的理性行为往往无法产生集体或社会的理性结果？他提出了著名的“奥尔森困境”，即：一个集团成员越多，从而以相同的比例正确地分摊关于集体物品的收益与成本的可能性越小，搭便车的可能性越大，因此离预期中最优化水平就越远。

- **商业街的合成谬误**

在城市中这种“合成谬误”现象比比皆是，例如在一条有临街商业的街道上，一家商店为了更好地招揽客人，将商品摆在店面外面的人行道上，这有利于该店招揽顾客。从而与其他商家的竞争中获得优势，之后其他商家也会效仿这种做法，直到所有商家都把商品摆在路边上，所有人又同时回到了同一起跑线，每个人都失去优势，而且还会造成商户和社会的双重损失，其一：搬到人行道的商品会影响步行通行，其二：增加了每户将商品摆进摆出的无益劳动，而一旦这种恶性竞争形成，任何一个商家都无法退出这种无益而浪费的游戏规则，因为一旦退出就造成了个体的竞争劣势。这是一个典型的城市“合成谬误”问题，没有控制则总体受损且投入无效劳力；有控制则总体受益且没有无谓投入。在这种情况下就需要统一的城市规划，通过规则和管理提高市场的运行效率并保障城市正常的运行秩序。

- **剧院规则**

在人山人海的剧院看演出，个人为了看得更清楚站起来观看，最后所有人都站起来了，每个人都同时都失去了优势，而这时候只会增加每个人站立的成本，而不会增加个人收益，更糟糕的是，由于坐着观看会被遮挡，而只能选择更费力的站立观看。

- **公地悲剧**

再例如美国学者哈丁曾在1968年提出“公地悲剧”，它假设有一个向一切人开放的牧场，如果每个人从一己私利出发，就会毫不犹豫地多养羊，因为收益完全归自己，而草场退化的代价则由大家负担。每一位牧民都这样思考时，“公地悲剧”就上演了，草场持续退化，直到无法再养羊。而从城市建设的角度考虑，假设住宅开发的受益高于办公和商业开发，则所有的开发商企业都愿意开发住宅而不愿意开发办公楼和商业，依靠市场供需来调节城市各类土地的供应会在短时间内造成严重的城市功能失衡，而这是在长达几十年的开发建设中难以调节的。因此需要城市规划提前对城市用地的大致分类和比例分配，并进行合理的空间分布。

进化："树形城市"逻辑的缺陷
——改进中的中国城市规划与城市管理

城市规划给中国的城市化带来了不可磨灭的贡献，而城市化正是改革开放以来中国的经济发展最主要的动力之一，可以说城市规划间接成为中国发展引擎的智慧燃料，然而正如美国城市学家克里斯托弗·亚历山大的著作《城市并非树形》中所提到的，城市系统的复杂性和城市居民选择的多样性造成了城市本身的复杂属性，城市是复杂的巨系统，简单的自上而下的逻辑思维的规划并不能完全将城市的复杂性和人的不可预测性完整的考虑在内。而事实上中国城市的发展正在越来越多地受到不完善的城市规划和落后的城市管理制度的制约，成为阻碍城市多样化发展主要因素之一。

例如中国的高铁站建设和管理的独立化问题；城市用地性质划分和管理的单一化问题；城市滨河空间休闲和行洪功能的矛盾问题等。

从"高铁站孤岛"到"城站一体化"

中国的高铁发展极其迅速，由于将枢纽集散作为唯一重要功能来考虑，忽视了与城市其他功能的融合，使得中国的高铁站正在形成一座座独立的孤岛，独立化、单一化的高铁站规划建设正在损失掉巨大的复合效益。反观国外高铁站建设，其往往将交通枢纽功能和多样化的城市功能结合在一起规划建设，将强大的人流转换成城市的高复合经济效益，例如日本京都车站，其功能除了交通换乘，还有酒店、百货、购物中心、电影院、博物馆、展览厅、地区政府办事处等。德国柏林中央车站拥有80多家商店，24小时营业，出入自由，无需买票即可进入站内购物，并同时规划建设了商务办公及酒店规模共计3.5万平方米，台湾的高雄火车站甚至成为年轻人约会的场所。可见高铁站和城市其他功能建筑一样，并非不能融入城市中。想象一下，乘坐高铁到另一个城市之后，不用再换乘其他交通工具达到城市另外一个地址，而直接就能办理签证、观看演出、购物、餐饮住宿等是多么方便快捷。城站一体化能极大地提高城市运行效率，提高城市的综合价值。

从管理视角来看，验票制度形成了站与城的屏障，形成站内人和站外人的隔绝，中国四大铁路客运枢纽（京沪穗汉）中，北京南站的2015年客运量超过1.5亿人次；广州南站2017年全年客运量达到1.35亿人次；上海虹桥站到2020年，预计客流量达到0.52亿人次，如此大的客流量，如果没有和外界的交流，其也仅仅是内部的数字而已，无法转换成规模效应。城市枢纽区特殊的管理制度使得火车站成为城市繁华地中的一座孤岛。而通过规划创新和管理创新可以极大地改善高铁站的综合效益，城站一体化发展也是未来城市高铁站建设的方向，然而中国已经建成了500多座高铁站，他们在未来长时间内所能发挥的作用就仅仅是交通枢纽而已。

单一的城市用地与多样化的城市需求

我国的城市的中心城区内往往存在着大面积单一性质用地，包括百万方的居住大盘、功能单一的商务中心、大型的企业园区，例如的贵阳的花果园楼盘开发竟然达到1830万平方米（其中住宅面积为1230万平方米）[1]，北京的回龙观居住社区建筑规模达到850万平方米，常住人口达到30万人，这些大规模的单一性质用地带来了很多问题，形成卧城，从而造成的钟摆性交通拥堵和社区治理难题，大规模商务中心和企业园区形成的夜间活力不足等问题，这些单一化的用地违背了人的复杂性属性，城市人具有网络化的社会交往，复杂的活动轨迹和多样化的真实选择，而简单的用地属性划分已经落后于社会的发展需求。

从2014年中共中央、国务院印发的《国家新型城镇化规划》提出的绿色城市、智慧城市、人文城市，到2015年第四次城市工作会议提出的三生空间和海绵城市，再到2016年《中共中央国务院关于进一步加强城市规划建设管理工作的若干意见》提出的街区制和“窄马路，密路网”模式将中国的城市规划带进了崭新的阶段。基本上形成了城市用地复合化、小型化、精细化发展的方向。而最新的《城市用地分类标准》也将混合用地提到合法化的地位，在可以遇见的未来，城市用地发展将更加人性化和多样化。

城市防洪VS滨河休闲

中国城市的滨水空间分属不同的部门管理，河道防洪属于水利部门，滨河绿地属于园林管理部门，滨河路属于交通部门，临水商业又属于工商管理部门，城市规划部门在对滨河空间的规划设计时，往往无法协调之间的矛盾，其中城市水利部门拥有一票否决制，为了应对城市河道洪水，常常以简单粗暴的方式应对城市的水岸线，造成难以亲水的防洪堤岸线。而规划部门进行滨河空间的人性化改造的时候面临的正是管理制度难题，而想要拥有亲水空间又要保障行洪安全就需要对河道和临水空间进行管理制度创新，对滨河的各种功能统一整合考虑。

Edward Glaeser在《城市的胜利》中提出，城市不等于建筑，城市等于居民。而正是城市居民的多样化需求给简单固定化的城市空间造成了极大的挑战，创新城市空间，首先需要创新的是中国城市的规划设计和管理制度。

控制：规划实施的制度经济学
——用激励代替控制

以过去的城市管理经验，规划实施是自上而下的过程，中央部门负责编制《全国主体功能区发展规划》，各省级单位通过编制《省域城镇空间体系规划》落实上位规划，城市通过城市总体规划来落实国家和省域的发展定位，再通过城市内部的控制性详细规划落实到每一个地块的实施。而在具体实施的过程中，强制性的规划条件是保障实施的唯一手段，而规划实施面对的是复杂多样的各类建设主体，这给规划实施带来了很多的不确定性，依靠自上而下的强制性的控制，需要投入大量的监管资源，是被动而消极的，同时控制有一个阈值，往往地方或企业达到了指标就没有前进的动力，而激励是自下而上的，是城市建设参与者积极争取的，可降低实施中的管理成本。如何用激励代理控制，变被动实施为主动参与，例如“污染经济学”，污染的负外部效应靠管制，总有人和企业抱有侥幸心理，不惜以身试法，而激励则是每个企业都可以去争取的，例如通过对绿色环保企业给予税收减免，通过设立梯度激励机制，可以使企业向零污染无限靠近，而在中国过去的20～30年，环保政策已经从单纯的命令和控制方式，走向了市场导向机制。

在城市规划实施方面，也应该尽早从单纯的命令和控制方式向市场导向机制转换，用激励代替控制，这涉及制度经济学的方面，例如特定区奖励政策、容积率奖励政策、开发权转移政策和生态补偿机制等[2]。

特定区奖励政策

特定区是指具有特定的城市公共价值和环境特定的区域，如历史保护区、滨水区等。在这些区域中的开发常常附带较强的规划要求，对符合这些要求的开发项目可以给予奖励。

容积率奖励政策

容积率奖励政策是对单一地块或街区开发适用的奖励工具。通过适当提高对地块或街区容积率的做法，使开发商为社会和大众提供额外的公共空间、绿地或其他公益场所。此举措可在增进公共利益的前提下，同时具有经济可行性，提高开发商对社会公益的参与积极性。

开发权转移政策

开发权转移（TDR，transfer of development rights）是指在特定地理范围内将该地区原有的土地开发建筑容积指定转移至其他特定接受区的一项政策。基本上，TDR是为了解决制式土地使用分区管制的“暴利与暴损”（windfalls and wipeouts）问题，以及土地开发中私有部门商业利益与地方公共投资成本之间的矛盾问题而提出的一套办法。

生态补偿机制

生态补偿机制（ecological compensation）是开发权转移在生态规划

上的一种特例。对生态敏感地区的保护或者生态空间策略点的恢复进行划设并限制该地区的发展。在一个城市发展总量调控的原则下，允许原有的发展容积移转至其他规划认为适宜的地区，以作为其开发权损失的补偿。

反思：中国城市的“过度精明增长”

中美城市发展路径差异——郊区蔓延与“过度精明增长”

精明增长是20世纪90年代初针对美国郊区低密度无序蔓延带来的城市问题而形成的一个新城市规划理论。精明增长提倡创造和重建丰富多样的、适于步行的、紧凑的、混合使用的社区。精明增长反思的针对的是美国20世纪大量的郊区别墅建设形成的城市蔓延以及城市中心区的衰落。精明增长的理想城市模型规定了六个分区：自然区、乡村区、郊区、一般城市区、城市中心区域和城市核心区域。这六个分区形成了从郊区到城市核心区的自然过渡。在中国，依据土地国有制形成土地用途管控制度，因此中国城市从一开始就没有这样的烦恼，并且走向了完全相反的反向。严格的郊区生态控制管制使得中国的城市基本没有低密度郊区蔓延的趋势，而是更加集中紧凑的发展。城市建设并没有按照T1区到T6区的新城市主义划分进行，高层和超高层住宅遍布了城市新开发的每一个区域，这种趋势正从大城市走向县城和乡镇。中国的城市没有以独栋房屋为主的近郊区，也没有以多层为主的一般城市区，而

图 5-1 中美城市空间模式的差异
上：美国城市核心商务区和蔓延的别墅区
下：紧凑增长的中国城市

是以时代建设时序为主导的历史多层区和现代超高层区。空间上的分布为从郊区的绿色空间直接进入高层为主的新开发区域，再过渡到新城核心区的超高层区域，以及老城区的多层区域，其间还见缝插针的布置着高层建筑斑块，可以说中国城市的天际线是没有规律可循的无秩序形态。

过度精明增长保障了中国城市土地的高强度利用（不包括工业园区），但同时带来了很多问题，高房价和低居住环境就是过度精明增长的直接后果。城市规划作为城市土地开发的规则，本应该承担起创造良好城市空间秩序的责任，但城市规划同时受到多方政策限制，权责不一致导致规划的作用不能全部发挥。

带着脚链跳舞的中国城市规划

保障城市中生活的人拥有健康的居住环境和良好的休闲氛围，充分享受阳光和绿色空间，是城市发展的目标。然而为此而生的城市规划正在逐渐失去这一切的掌控权。城市规划是市场经济的补充，是城市土地市场的规则，为中国城市化提供了强大的支撑。而一旦有什么社会问题和事件似乎总能牵涉到城市规划，城市拥堵就抱怨城市格局不合理，城市洪涝抱怨城市设施规划落后，居住环境差抱怨城市居住用地规划过少。但中国的城市规划的管控基础可能就有问题，城市规划是带着脚链在跳舞，市民看到了光鲜的上半身，舞裙下的脚链却被忽视了。

中国城市为什么会出现各种问题，这和城市建设的制度设计紧紧相关。中国的土地使用采用土地用途管制制度和用地指标分配制度，自从2006年出台了18亿亩耕地红线，城市建设用地进一步成为国家计划的一部分和调控经济的手段。中央政府每年会颁布当年度的土地利用年度计划和土地利用指标，然后再将用地指标划分到各省和自治区，再层层下拨到市、区和县。法定的城市规划不仅要符合土地规划规定的城市建设用地的数量，还要在土地规划提出的可利用的土地斑块的红线范围内进行规划。城市规划作为管控城市空间的法则，在各种土地政策管控下试图达到城市空间资源的最优配置也只是天方夜谭了。任志强对中国的房地产市场有自己的看法，并形成了一套足以自洽的理论。在他看来，这个畸形行业的所有弊病都是土地国有化造成的，因为国家控制了供给权，从而使得土地具备了类货币的性质，成为政府调节宏观经济和财富分配的重要筹码。中国的土地使用采用严格的土地用途管制制度，正在使中国的大城市普遍走向“香港模式”。

中国城市走向香港模式

中国城市尤其是大城市的城市形态以“香港模式”最具代表性。

香港是世界可持续发展的典范城市，也是全球高层建筑最密集城市之一，香港行政区范围内40%用地被用作郊野公园；城市建设用地比例低于25%；城市用地中住宅用地比例低于7%；去除农村丁屋，城区住宅用地比例低于4%。正是由于严格的城市建设用地管制，使城市居民的居住条件仍在不断恶化。香港模式的形成两个极端，少数的顶级富豪依然住在上千平方米的海景豪宅里，而大量的工薪阶层只能挤在狭窄的筒子楼里。

中国的大中城市都在严格控制生态绿地，《深圳市城市总体规划（2010—2020）》中提出深圳市森林覆盖率达到50%，市域内40%的生态区域得到完整保护。根据《北京城市总体规划（2016—2035年）》，2020年生态控制区面积约占市域面积的73%，集中建设区约占14%，限制建设区约占13%。规划到2050年实现生态控制区比例提高到80%以上。《上海市城市总体规划（2017—2035）》中提出至2035年市域生态绿地占陆域面积比例达到60%以上。国务院关于上海市城市总体规划的批复中提出：“扩大生态空间、保障农业空间、优化城镇空间。严格控制城市规模。坚持规划建设用地总规模负增长，牢牢守住人口规模、建设用地、生态环境、城市安全四条底线，要严守城镇开发边界。坚持节约和集约利用土地，严格控制新增建设用地。继续坚持最严格的耕地保护制度，保护好永久基本农田”。可以说每一个城市都在严格控制生态用地，进入了高度紧凑发展的“香港模式”。

据香港特区政府公布的人口数据报告《2016年中期人口数据》，在2016年82.2%的家庭住户面积在20～70平方米之间；53.5%的公屋家庭住户面积在20～40平方米之间，与此相对比的是香港每个人的人均郊野面积达到了105平方米。根据国际公共政策咨询公司Demographia 公布的《2017年国际房价负担能力调查报告》的榜单上，香港特区的房价指数连续八年排世界第一，属于“极度负担不起”的行列。

根据用地比例简单测算，减少10%的郊野公园面积即可以增加100%的居住空间，那为什么香港不愿意牺牲一部分郊野公园用地作为住宅开发，以提高居民居住品质呢？

其实香港特区政府在1973年即提出了新市镇计划，即在中心区外围开发全新的城市新区，目前已经建成的9个新市镇的居住人口达到了300万人左右，但同期常住城市人口从1973年的437万增长至2018年8月近745万，同样增长了300多万，也就是说新市镇计划只是接纳了新增加的人口，原人口的居住环境并未得到改善。

1997年香港特区政府推出了每年新建不少于八万五千套廉价住房的计划。从2000年开始，廉价住房开始入市，一次十万套的巨大供应，立刻对楼市产生了巨大的冲击，金融危机后刚刚有所复苏的楼市再次跳水。而且后续几年廉价住房源源不断入市，房价一泻千里。到2004年时，最高已经跌去七成。2003年7月1日香港回归六周年时的50万人大游行，要求政府救楼市。他们呼吁政府挽救负资产者，拯救香港中产阶级，八万五计划停止，政府开始急剧压缩土地供应，香港房价逐渐企稳。

城市土地国有化导致土地供应市场的垄断，控制土地供应量使土地成为一种稀有资源待价而沽。单从空间聚集度来讲，紧凑化的城市结构大幅提高了城市运行效率，因此当经济效益最大化和城市“精明增长”不谋而合，大城市的土地供应就开始变得吝啬克制，哪怕这种克制的代价是日趋高涨的房屋价格和难以改善的居住环境。

香港模式的人文主义反思

从城市和自然的关系角度来讨论,《城市的胜利》中提出了最重要的观点“如果你热爱自然，就搬到城市里来”。人类是对自然有极大破坏的物种，如果人类热爱自然的话，最好的办法是远离自然，搬到城市中。自然环境真正的朋友是纽约、伦敦和上海等大都市。城市和自然的关系早就应该明确清晰，席卷全球的城市化已经强迫“城市人”做出了远离自然的自我牺牲，那么城市应该尽可能地满足市民的生活需求，为市民提供充足的居住用地和尽可能好的居住环境，因此市域范围的绿地和城市中心区周边的耕地完全没有必要全部保留，而生态用地的控制指标应该在更大的市域范围内进行平衡，而不是简单地提出城市周围的生态红线管制要求。

注释

【1】 数据来源于宏立城官网：http://www.honglicheng.com/hlc/zdxmHgy?type=zdxmHgy.

【2】 杨沛儒.“生态城市设计”专题系列之三，景观生态学在城市规划与分析中的应用．现代城市研究．2005.9.

第六章〈

竞争——大城市和小城镇的竞争优势

传统的城市经济学建立在传统经济理论体系中

即以土地、劳动力和投资为要素导向

而新城市经济学理论认为创新是城市竞争力的本质，

具有不可替代性

其他生产要素都可以在全球范围内进行配置

城市竞争的三个层级
——全球、区域和城市内部

城市竞争是近几年在国内外兴起的城市管理新课题。国外的学者提出了钻石模型、双框架模型、迷宫模型和金字塔模型等很多关于城市竞争的研究模型。也有学者把城市竞争力划分为四类：城市潜在竞争力——城市资源经营；城市核心竞争力——城市产业；城市综合竞争力——城市环境与管理；城市未来竞争力——城市发展战略。对城市竞争力综合指标的构建也形成了完善的评价体系。

以上这些研究基本都是针对城市本身而言，对不同特征和层级的城市竞争的区分较少。本书另辟蹊径，主要研究不同规模的城市在三个层级之间竞争和协作关系，即全球城市竞争、区域城市竞争以及城市内部分区之间的竞争。

层级一：全球城市竞争——全球城市竞争是创新能力的竞争

2014年在全球已经有超过54%的人口居住在城市中，到2050年，全球将有超过三分之二的人口居住在城市中，城市已经成为全球经济发展的主角，国际大都市之间已经越过了国家的范畴直接在全球进行竞争。国家竞争力发展阶段由迈克尔·波特（Michael Porter）在1990年出版的《国家竞争优势》（The Competitive Advantage Of Nations）一书中把国家竞争力发展分为四个阶段：一是生产要素导向阶段（依靠投资或廉价劳动力）；二是投资导向阶段（大规模产能扩张）；三是创新导向阶段；四是财富导向阶段。虽然这本书主要是对国家竞争力的分析，但同时，波特也在书中提到："虽然本书定位于国家层次，但它的分析框架完全适用于对地区、州和城市等级别的分析"。目前创新成为全球城市竞争力的根本要素，传统的城市经济学建立在传统经济理论体系中，即以土地、廉价劳动力和投资为要素导向的第一阶段和第二阶段。而新城市经济学理论认为创新是城市竞争力的本质，其具有不可替代性，而其他生产要素都可以在全球范围内进行配置。因此从严格意义上讲全球城市竞争首先是发展阶段的竞争，其次要不滑向财富导向阶段，导致可能陷入经济衰退的危机，就必须要在创新导向阶段具有持续的创新能力。

世界城市排名

GaWC（Globalization and World Cities）作为全球最著名的城市评级机构之一，自2000年起不定期发布《世界城市名册》，通过检验城市间金融、专业、创新知识流情况，确定一座城市在世界城市网络中的位置。2018年11月《世界城市名册2018》正式出炉。GaWC以其独特视角对城市进行Alpha，Beta，Gamma，Sufficiency（+/–）划分（即：全球一二三四线），以表明城市在全球化经济中的位置及融入度。其中的Alpha++只有伦敦和纽约，Alpha+的城市包括香港、北京、新加坡、上海、悉尼、巴黎、迪拜和东京。这些城市都是在全球经济中进行竞争，纽约的竞争对手从来不是美国国内的Alpha级别的城市芝加哥和洛杉矶，而是远在万里之外的伦敦。最顶尖国际金融机构在总部选址的时候会平衡伦敦和纽约的优劣，而不会评价芝加哥和伦敦的优劣。同样，北京的竞争对手也不是广州和深圳，而是东京和新加坡。

中国城市的发展阶段

国内学者的共识是中国正处在国家竞争优势阶段中的第二阶段和第三阶段之间，但中国内部发展并不均衡，邱国鹭曾提出："宏观上从城市化率、经济结构、人均GDP等指标，微观上从企业竞争力、技术进步和全球产业链分工等角度上看，中国整体处于阶段二中期。分区域看，北上广深开始进入阶段三，东部沿海城市在阶段二中后期，中部城市在阶段二前期，西部城市还在阶段一。"我国的大城市竞争力的本质是发展阶段的跨越，是经济增长方式的转型，脱离既有的经济增长惯性和路径依赖是必经之路。

层级二：区域城市竞争——分层竞争与协作

在不同的区域范围，城市之间的关系发生着微妙的变化。以长三角地区为研究范围时，同等级的特大城市之间存在着直接竞争，而以浙江省为研究范围时，则重点关注协作而非竞争，这是因为不同区域范围内的城市关系适应不同的理论解释：比较优势或者竞争优势。

首先需要理解"比较优势"和"竞争优势"的内涵和区别。"比较优势"是指特定地区在特定产业相较于其他地区的具有较高的生产率或较低生产成本；"竞争优势"是指各个地区在同一国际背景环境下在同一产业当中的表现出来的不同的竞争能力。通俗来说，"比较优势"是同一个地区在不同产业之间的竞争能力，而"竞争优势"则是不同地区在同一产业的竞争能力。当一个区域的范围足够大时，附加值高，影响力广的产业就不会只在少数的城市中布局，高等级城市之间必然会发挥自己的竞争优势在特定产业之间竞争，此时竞争付出的消耗小于的特定产业带来的收益，就像在一个足够大的生态圈内，高等级物种之间的生态辐会较大幅度的交叉，这些交叉的区域则会成为物种之间的直接竞争范围。而当一个区域范围不够大，特定产业带来的收益小于各个城市竞争带来的资源投入的重复浪费，则此时各个城市之间应发挥自己的比较优势而非竞争优势。

其次，不同等级城市之间的产业分布存在着特定的规律，日本经济产业研究所森川正之针对11个服务产业进行了研究，研究结果表明，在人口密度高的地区服务业生产率就会提升。比如市区人口密度相差两倍的情况下，服务业生产率会高出10%~20%，而制造业只是提升了3%，因此服务业更加依赖人口的聚集和交流。同样的研究表明，大城市（日本的20个政令都市）的服务业生产效率比中小城市高10%~50%。上述研究表明，城市规模越大，人口密度越大，服务业生产效率越高。如果在中小城市也集中发展服务业，就会因为效率低下而失去竞争力，因此必须建立服务业集中的大都市和其他产业的中小城市的分工机制。区域中的大城市应该充分发展竞争优势，集中区域内的优势资源，在全国范围内甚至是国际上占据竞争优势。中小城市则需要发挥比较优势，而不应该去过多的参与竞争度过大的产业或需要强大聚集度的产业。

大城市竞争优势的“创新导向”发展路线

在城市重大发展方向和重大项目决策时，应充分将城市自身的发展趋势和国家及区域的竞争力发展阶段相结合。以沿海地区为例，中国东部沿海区域正在从投资导向阶段向创新导向阶段过渡，所在区域的大城市或城市群参与到全球的城市竞争中，因此把握创新导向阶段的竞争力核心是参与竞争最重要的手段。例如杭州以产业创新闻名，其中大数据、云计算、互联网金融等产业均处于中国领先地位。阿里云打破了国外云服务的垄断，成为全球领先、安全、稳定的云计算产品，为中国企业的云计算服务提供了低价优质的服务；蚂蚁金服成为中国2017年估值排名第一的独角兽企业；浙江网商银行是成立于2015年的纯互联网运营的民营商业银行，其规划在5年内成为服务于1000万中小企业的创新型金融企业。杭州作为省会城市，但在创新产业的竞争中，其和一线城市北上广深进行直接竞争，成为“创新导向”发展的楷模。另一方面，当国家发展进入到创新导向阶段，回顾各国发展史，政府主导的创新鲜有成功先例。这也是为什么民企发达的城市比国企发达的城市更有竞争力，GDP也增长更快。

中小城市的比较优势“一县一品”发展路线

相对于杭州而言，浙江省的中小城市却无法聚集足够的创新要素，包括创新人才、创新投资和创新环境。其经济发展必须要充分发挥自己的比较优势，而不是盲目扩大自己的竞争力，追求高大上的产业。产业在全球的垂直分工受到了区域经济发展的挑战，如果在区域内即可打造完整的上下游产业链，则其产业的竞争力优于那些在全球分工中只承担部分职能的城市，也是在这种趋势下，形成了产业的全球分工向地区内的回归，中国制造的优势正在从人口红利向全产业链优势转移。在这种发展背景下，中小城市可发挥自己在特定产业上的比较优势，并形成区域完整产业链中重要的一环。

浙江省的“一县一品”

浙江省县域经济发达，各区县城市都有自己的特色产业，例如永康生产五金材料，东阳生产磁性材料，磐安生产塑料制品，武义生产文旅休闲用品，浦江生产水晶和挂锁，兰溪生产天然药物，新昌以制药企业闻名等，这些中小城市的人均GDP甚至超过某些大城市和特大城市，因此严格来说，没有低端的产业，只有低端的企业。中小城市需要在各自比较优势的领域发挥特长，成为特定领域的行业主导者。

小城镇的“后福特”（post-Fordism）发展路线

在就业和经济活动方面，二产向三产的结构性转变往往倾向于惠及更大的中心，牺牲较小的城镇，较小中心的“创新阶层”可能会流向机遇更广的“大城市”。小城镇失去了作为“综合市场城镇”的功能，它们可考虑的生存策略之一是发展专业化的小众活动（niche activities）（也是后来愈发流行的“主题地营销”themed place marketing）。施耐德温德等人（Schneiderwind et al.）认为许多中小城镇的角色已经进入的“后福特”（post-Fordism）的第三发展阶段。后福特主义：以满足个性化需求为目的，以信息和通信技术为基础，生产过程和劳动关系都具有灵活性和弹性的生产模式。1975年后的欧洲。是欧洲中小城镇持久活力的基础，也是小城镇转型的实证。这为一些较小的中心的繁荣提供了新的机遇。

小城镇发展的三个阶段：

第一阶段：农业市场城镇。

第二阶段：工业制造中心（区），受规模聚集经济的主导。

第三阶段：后福特主义，灵活的专业化与强烈地方化的经济系统。

层级三：城市内部分区的产业未来竞争力和主导功能

城市内部的各行政区也存在着竞争关系，而区内发展的主导功能和该功能的未来竞争力相关。若该行政区具有相关产业的未来竞争力，则布局该类型产业，若不具备则应仅配套该功能的下限额度。例如城市商业综合体，其未来竞争力取决于综合体的规模，规模越大越有竞争力[1]，所以地块储备不足的区域或老城区，商业综合体不是其未来产业，商业中心也不应成为该区划的主导功能；城市旅游的未来竞争力是特殊的历史和文化，所以在老城区应该重点发展有特色的城市旅游业，而不是发展商业综合体。以重庆为例，渝中区是重庆最老最有文化的区域，同时渝中区的开发均为存量更新用地，其面积仅有18.5平方公里，因此渝中区应大力发展旅游服务业，布局和旅游相关的产业，比如酒店、特色文化和餐饮等。相反，渝北区作为城市新区拥有1452平方公里的土地，发展空间充足，应积极发展大型商业购物中心、商务中心和新型创意产业等功能。

竞争指数
——编制你自己需要的城市指数

星巴克指数——城市休闲和创意的简明替代指数

浙江卫视推出的综艺节目《漂亮的房子》第一期中，冯德伦到了一个乡镇，问有没有星巴克啊？众人大笑。没有了星巴克，对那些习惯于每天一杯的人群来说很不习惯。星巴克从1999年进入中国，在北京开设第一家门店，至2019年1月，在中国150多个城市开设超过了3600家门店，共有约620万活跃的星享卡会员。中国是星巴克最大的海外市场，而中国连锁咖啡品牌市场中，星巴克的市场份额达到51%[2]。在20年的时间内，伴随着城市化的快速发展，星巴克在中国各个城市的布局也显现出其对不同城市的偏好，星巴克正成为城市的一种文化现象。在星巴

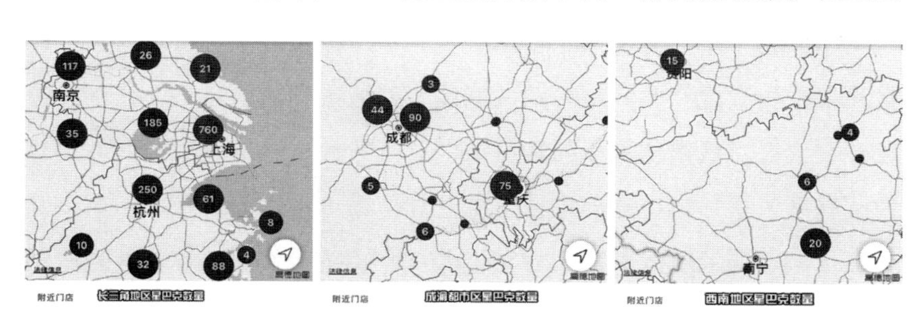

图6-1 星巴克门店在全国的城市中分布

数据来源：星巴克 APP

克APP上很容易看出各个城市之间差距，那么星巴克数量和城市之间有着怎样的关联呢？

从星巴克人均数量和人均工资水平上分析，两者没有关联性，如果扩大分析问题的角度，星巴克人均数量和城市休闲、竞争力、创意等方面是否有关联性？

通过数据分析，星巴克指数和城市创意指数、城市休闲指数、城市竞争指数三者指数的具有一定的关联度，但在排名前十的城市中关联度较差，一线城市中北京、深圳、广州的其他三种指数均远高于星巴克指数。星巴克排名梯度呈现出按地理区域划分的状态，排在第一梯度的是长三角地区的上海、杭州；第二梯度是北京和珠三角深圳、广州；第三梯度是中西部的武汉、成都、重庆和西安；第四梯度是中国沿海其他城市，包括海口、天津、大连；第五梯度是中国其他城市。而星巴克指数之所以第一梯队的上海和杭州指数远高于其他梯队并非源于城市之间的差距，这是因为在2017年之前，星巴克的江浙沪地区是由合资企业主导的，而在合资时期，星巴克的扩张采用了更加积极的策略，在2014年至2017年三年时间里，华东门店数量平均每年增长近40%，而中国大陆其余地区则低于25%[4]。直到2017年12月，星巴克中国花了近88亿元人民币，收购了星巴克华东市场合资企业的剩余50%股份，使其在中国大陆实现了全面直营。

如果剔除掉华东地区星巴克门店人为扩张因素[6]，发现星巴克指数和三个指数之间具有更好的关联度，除城市竞争力指数在个别城市偏差较大外，城市休闲指数和城市创意指数和星巴克指数之间有更佳的关联度。从一定程度上来说，星巴克指数可以作为一个城市的创新力和休闲文化的直观数据。在众多城市中，杭州的星巴克指数是唯一挤进一线城市的行列的二线城市，高于深圳和广州，远高于其他二线城市。一个可能的解释是，星巴克指数作为一种单一化的市场指数，

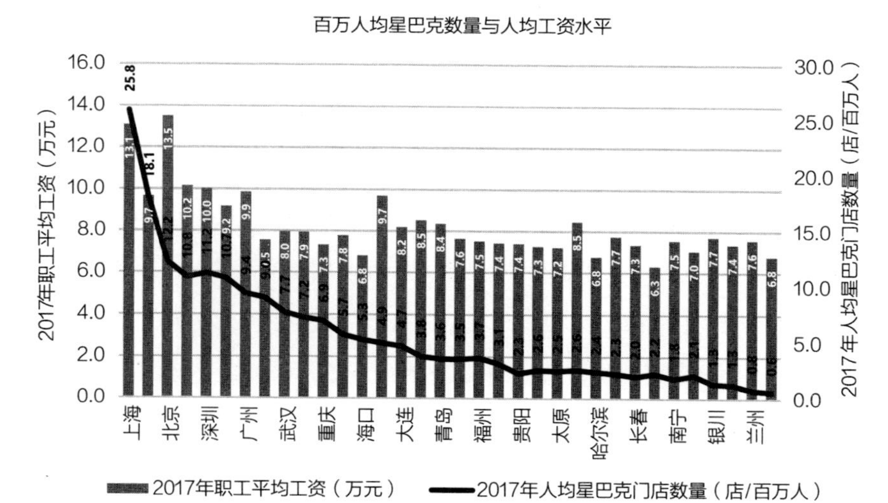

图 6-2 城市人均星巴克门店数量与人均工资的关系[3]

城市顺序按照人均星巴克门店数量排列

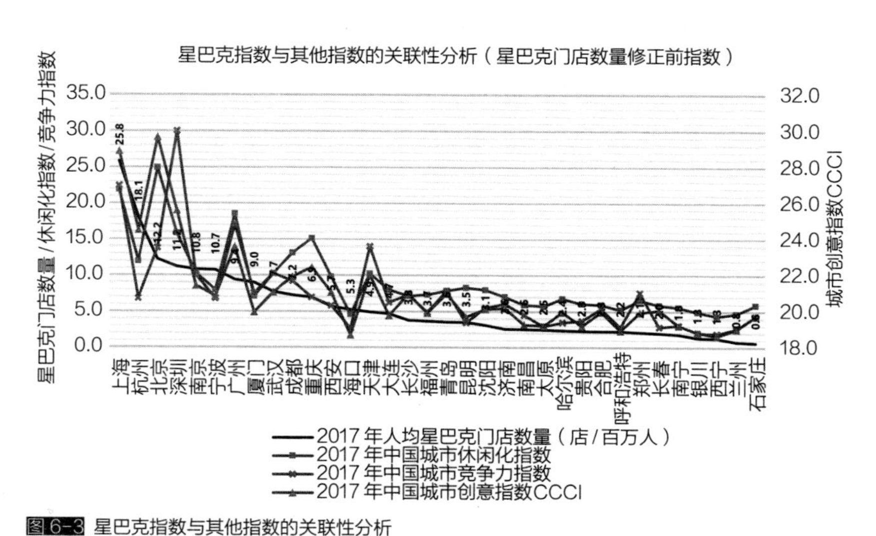

图 6-3 星巴克指数与其他指数的关联性分析

城市顺序按照人均星巴克门店数量排列

创意指数、休闲指数和竞争力均做三十分制处理

数据来源：城市人口数据来源于各城市统计年鉴，其他数据来自网站[5]

其灵敏度高于人为统计的其他三种综合性指数。杭州近年在互联网经济、大型国际会议（G20峰会、2022年亚运会）、城市品牌运营等方面表现突出，这在市场上引起快速的反馈，使杭州成为星巴克指数中的一匹黑马。

星巴克指数的意义在于为城市休闲和城市创意等方面的竞争力提供了简明替代指数，而城市中还有很多市场门店或产品可以作为城市发展的简明替代指数，只要分析其中的相关关系就可以得出其他市场门店和产品的简明替代指数的含义。举例来说，用国际连锁门店IP，如星巴克、宜家、屈臣氏、丝芙兰等来衡量一个城市的国际商业化指数；用国际旅游的IP，如Airbnb、Booking、Agoda的普及率等来衡量一个城市的国际旅游影响力指数；用国际高端连锁酒店，如洲际酒店、香格里拉酒店、安缦酒店等来衡量一个城市国际化旅游接待能力的指数；

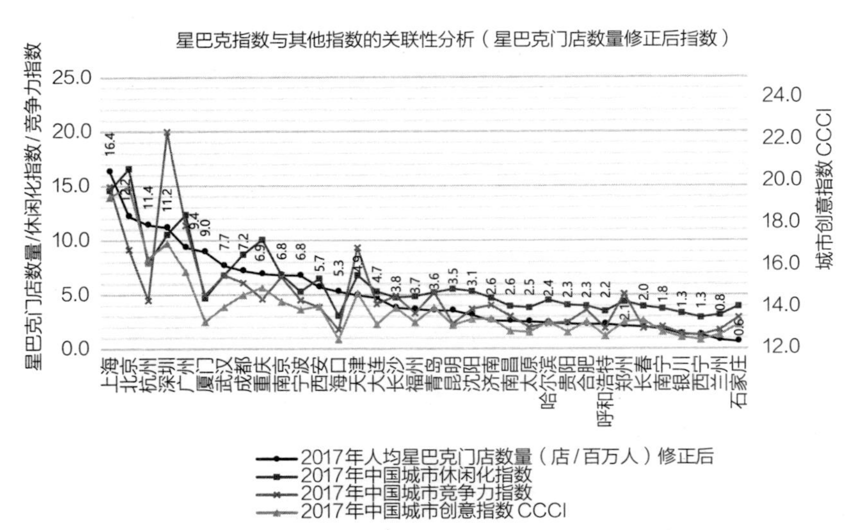

图6-4 星巴克指数与其他指数的关联性分析（星巴克门店数量修正后指数）
城市顺序按照人均星巴克门店数量排列
创意指数、休闲指数、竞争力指数均做二十分制处理

数据来源：城市人口数据来源于各城市统计年鉴，其他数据来自网站[7]

用互联网出行APP的普及情况，如滴滴出行、共享单车等来衡量一个城市的互联网应用发展指数。这些简明替代指数虽然不能替代详细完整的定量分析，但可以作为城市发展的定性判断的参照。

编制你自己需要的城市竞争指数

各大权威机构每年一度出版城市竞争指数，新华网与北京大学文化产业研究院联合发布的中国城市文化创意指数；中国多个智库机构联合发布的中小城市发展指数；中国社会科学院发布的国家中心城市指数等。这些指数对城市整体竞争来说具有意义，但在特定的领域却不适用。任何一种指数都是以几种分项指标组合而成的，例如国家衡量通货膨胀的CPI、PPI、WPI等，都是以“一篮子”的商品价格的浮动作为指数，因此你可以为任何评价项目编制一个指数。所以在进行城市专项分析时，可以编制你自己需要的指数，进行城市间具体内容的竞争分析。表6-1中包含了一些常见的城市评价指数。

城市指数的多种形式 **表 6-1**

<table>
<tr><th colspan="2">指数名称</th><th>编制方法</th><th>指数说明</th></tr>
<tr><td colspan="2">城市财政指数</td><td>地方财政收入（亿元）/常住人口（万人）</td><td>● 县级城市发展指数在1.0～1.5之间
● 全国百强县：慈溪1.48、昆山1.67、张家港1.36、余姚1.3、江阴1.34、胶州1.15</td></tr>
<tr><td rowspan="3">城市效率指数</td><td>城市土地效率指数</td><td>城市GDP/建成区面积（平方公里）</td><td>● 评价不同城市的经济发展水平差距和经济聚集度
● 评估城市的发展阶段</td></tr>
<tr><td>城市人均能源消耗</td><td>城市总能源消耗/常住人口</td><td>● 评价城市的运行效率
● 美国人均能源消耗是世界平均水平的10倍，香港、新加坡人均能源消耗是美国的1/30</td></tr>
<tr><td>城市结构效率指数</td><td>城市GDP/城市中心个数</td><td>● 从效率上说，在一定规模下，单中心模式为最高效的强度分区模型
● 效率有两个主要方面决定，资源集中的规模效应和中心聚集边际递减效应（边际递减效应由服务距离、交通通勤、地租级差等决定）</td></tr>
</table>

续表

指数名称		编制方法	指数说明
简明替代指数	国际连锁门店指数	门店数量/城市常住人口	● 被替代指数：城市商业的国际化指数 ● 如星巴克、宜家、屈臣氏、丝芙兰等来衡量一个城市的国际商业化指数
	国际旅游的IP指数	不同城市在国际旅游预订网站（app）上可预订的房间数量	● 被替代指数：城市旅游的国际影响力指数 ● 如Airbnb、Booking、Agoda的普及率等来衡量
	高端连锁酒店指数	酒店数量/城市常住人口	● 被替代指数：城市高端旅游接待能力指数 ● 如洲际酒店、香格里拉酒店、安缦酒店等来衡量
城市专项指数	城市专项价格指数	行业价格/分行业权重	● 衡量城市不同行业的竞争力 ● 以不动产为例，可包含住房价格、办公室租金、商铺租金等，数据来源可通过住房大数据网、各房产中介数据、政府统计局发布数据等
	城市生态指数	分项数据/城市常住人口	● 对城市生态环境的简要评估，可包含人均绿地面积、公园300米覆盖率等
	城市交通指数	分项数据/城市常住人口	● 衡量城市交通的简要评估，可包括人均通勤时间、城市公共交通出行分担率、城市人均轨道交通运营长度、城市道路交通拥堵时间等
城市大数据指数	Google Trends 百度指数	网站数据直接生成	● 原理：关键词的搜索次数及变化趋势 ● 使用场景：不同城市人群分析，热点地区分析、城市间联系分析、趋势研究、需求分析等
	Google Analytics CNZZ指数 百度统计	网站数据直接生成	● 检测具体网站的访问地区明细，形成针对不同城市的差异化策略，有针对性地改进、优化城市产品和运营策略
	热力地图	网站数据直接生成	● 城市活力地区、城市未来竞争力潜力地区、城市交通拥堵地段

规模竞争
——城市的亚线性与超线性规模缩放

享誉全球的复杂系统科学研究中心圣塔菲研究所前所长杰弗里·韦斯特（Geoffrey West）在他的著作《规模》一书中提出了世界万物的规模法则，从动物到城市再到企业，都遵守着简单的线性规模缩放的法则。尤其是他指出作为人口规模的函数，无论在美国、日本、中国、欧洲还是拉丁美洲，城市规模和城市生产效率以及基础设施之间都存在着线性规模缩放关系。中国的很多学者在引用此规律的时候，并没有对规模法则在中国城市的普遍适用性进行实证分析，而任何一项普适性规律在没有通过地方的实证研究之前，都可能会和地方的其他影响因素相互叠加，从而产生完全不同的结果。规模法则在中国城市是否具有普遍适用性？本书将通过实证研究找出答案并解释其中的相关逻辑。

动物的亚线性规模缩放（sublinear scaling）

动物一般都遵守亚线性规模缩放的法则，亚线性规模缩放是指随着规模的增长，动物单位重量消耗的能量随着总重量的增加而减少。从体重只有几克的小鼠到体重是其数亿倍的蓝鲸，体型更大的动物比体型更小的动物更加高效，每一克组织需要的能量支持更少。通过大量的研究，动物界普遍遵守着亚线性规模缩放的3/4法则。3：4是10的3次方和10的4次方之间的指数的比例。大象体重是老鼠的10000倍，能量消耗是老鼠的1000倍，说明大象细胞的代谢率是老鼠细胞的1/10。即体重增加十倍，消耗的能量并没有增加十倍，而是十倍的3/4。规模每扩大十倍，便会产生十倍的1/4的结余。这是伴随着体积的增大而取得规模经济的绝佳例子。

如果把城市看作一个有机生命体，其是否也遵守规模缩放的法则？杰弗里·韦斯特指出，正如生物学一样，存在着一种超越了历史、地理环境、文化的基础普适原理，城市也不例外。其举了一个简单的例子：2013年美国GDP大约为人均5万美元。实际上拥有120万人口的俄克拉荷马城的GDP约为600亿美元，与美国平均人均GDP接近。按照人均计算，但拥有10倍人口的，即1200万人口城市GDP为6000亿美元，但实际上洛杉矶市的实际GDP为7000亿美元，比实际预期增加16.7%。世界上一个国家内的大多数城市都基本符合这个规律，经济学中这种规律被称为规模收益递增，而在物理学中的术语为超线性规模缩放。

城市的亚线性规模缩放（sublinear scaling）

城市的基础设施（道路、电线、水管的长度以及加油站的数量）都以相同比例缩放，呈亚线性规模缩放，指数为0.85，即规模扩大十倍，基础设施节约15%。

设置Y_a为A城市的物理基础设施指标（例如道路长度），Y_b为B城市的物理基础设施指标（例如道路长度），T为A城市和B城市的城市规模比值。β为超线性规模缩放指数。

则$Y_a/Y_b=T\beta$（β=0.85）

简单来说：

一座1万人口和10万人口的城市对比，它的物理基础设施指标以10的0.85次方倍的数量增长，即7.08倍。人均指标是原来的约0.70倍。

一座1万人口和100万人口的城市对比，它的物理基础设施指标以100的0.85次方倍的数量增长，即50.11倍。人均指标是原来的约0.5倍。

一座1万人口和1000万人口的城市对比，它的物理基础设施指标以1000的0.85次方倍的数量增长，即354.81倍。人均指标为原来的约0.35倍。

通常来说，一般会讨论两个城市人口规模相差两倍或三倍的情况。

按照亚线性规模缩放公式：

一座城市规模是另一座城市规模的2倍，它的物理基础设施指标减少到原来的1.80倍，人均指标为原来的0.90倍，相当于人均节约了10%；

一座城市规模是另一座城市规模的3倍，它的物理基础设施指标减少到原来的2.54倍。人均指标为原来的0.83倍，相当于人均节约了17%。

城市的超线性规模缩放（superlinear scaling）

同一个国家内，社会经济指数按照超线性规模缩放，尽管城市的规划、产业、文化不同，城市都显示出惊人的粗粒度的简单性、规律性和可预测性。其中包括工资、财富、专利数量、艾滋病病例、犯罪率、教育机构数量等随着人口规模的增长以1.15倍呈现超线性规模缩放，如果我们将这种超线性规模缩放放在一个指标坐标系，其横向和纵向坐标都是用对数标注的，这意味着横轴和纵轴刻度增长倍数都是10倍。采用这种方式绘制的图，其斜率便是幂律（power law）的指数。

服务业创新能力的超线性规模缩放

日本经济产业研究所森川正之针对11个服务产业进行了研究，研究结果表明，在人口密度高的地区服务业生产率就会提升。比如市区人口密度相差两倍的情况下，服务业生产率会高出10%～20%，而制造业只是提升了3%，因此服务业更加依赖人口的聚集和交流。同样的研究表明，大城市（日本的20个政令都市）的服务业比中小城市高10%～50%。上述研究表明，城市规模越大，人口密度越大，服务业生产效率越高。如果在中小城市也集中发展服务业，就会因为效率低下而失去竞争力，因此必须建立服务业集中的大都市和其他产业的中小城市分工机制。

在《规模》一书中出现了关于城市超线性规模缩放的不同解释。本书按照城市规模的幂律指数进行分析。设置Y_a为A城市的社会经济指标（例如GDP），Y_b为B城市的社会经济指标（例如GDP），T为A城市和B城市的城市规模比值。α为超线性规模缩放指数。则$Y_a/Y_b=T\alpha$（α=1.15）。

简单来说：

一座1万人口的城市和10万人口的城市对比，它的社会经济指标都以10的1.15次方倍的数量增长，即14.12倍。人均指标增加了1.42倍；

一座1万人口的城市和100万人口的城市对比，它的社会经济指标都以100的1.15次方倍的数量增长，即199.5倍；人均指标增加了近2倍；

一座1万人口的城市和1000万人口的城市对比，它的社会经济指标都以1000的1.15次方倍的数量增长，即2818.4倍。人均指标增加了近3倍。

通常来说，我们并不会拿规模相差百倍千倍的两个城市进行对比，一般会讨论两个城市人口规模相差两倍或三倍的情况。

按照超线性规模缩放公式：

一座城市规模是另一座城市规模的2倍，它的社会经济指标增长到原来的2.22倍，人均增加为原来的1.11倍，相当于人均增加10%；

一座城市规模是另一座城市规模的3倍，它的社会经济指标增长到原来的3.53倍。人均增加为原来的1.17倍，相当于人均增加17%。

总结来说，城市越大，人均拥有、生产、消费的商品、资源或观点就越多，好的一面、坏的一面、丑陋的一面都会呈现超线性的规模的增长。而它的基础设施也会出现相似的节余。平均来看，城市规模越大，越绿色，人均碳足迹越小。

中国案例
——中国城市的线性规模缩放法则实证研究

中国城市亚线性规模缩放实证研究

为了研究中国城市基础设施亚线性规模缩放规律的适用性，以城市中最基础的道路设施为例，根据全国36个主要城市的路网密度结果来看，超大型城市平均路网密度为7.30km/km^2，特大型城市平均道路网密度为6.06km/km^2，Ⅰ型和Ⅱ型大城市分别为5.76km/km^{2}和5.39km/km^2[5]。而超大城市规模人口为1000万以上，特大城市规模人口为500万~1000万，Ⅰ大城市人口为300万~500万，Ⅱ型大城市大城市人口为100万~300万。即从特大城市增长为超大城市的过程中，人口规模增加一倍，而道路网密度反而要增加1.2倍，其他类型的城市规模倍增时，城市道路网密度同样增加1.05~1.06倍。但从道路网密度上分析似乎并不符合杰弗里·韦斯特提出的城市规模增加一倍，城市基础设施节约15%的普适规律。

但城市道路网密度忽略了城市人口的因素，在大城市中，城市人口密度往往比中小城市高很多，因此笔者分析了全国36个主要的城市中心城区建成区人均道路长度和城市中心城区人口规模的关系，便得出了和以上分析完全相反的结论，即城市人口规模越大，人均道路长度越短，基本符合城市基础设施的亚线性规模缩放规律。在这36个城市样本中，上海中心城区人口规模是广州和重庆中心城区人口规模的两倍左右，而前者人均道路长度是后者的70%左右；上海中心城区人口规模是青岛、沈阳和厦门中心城区人口规模的四倍，而前者人均道路长度是后者的45%左右。城市人口规模增加一倍，人均城市道

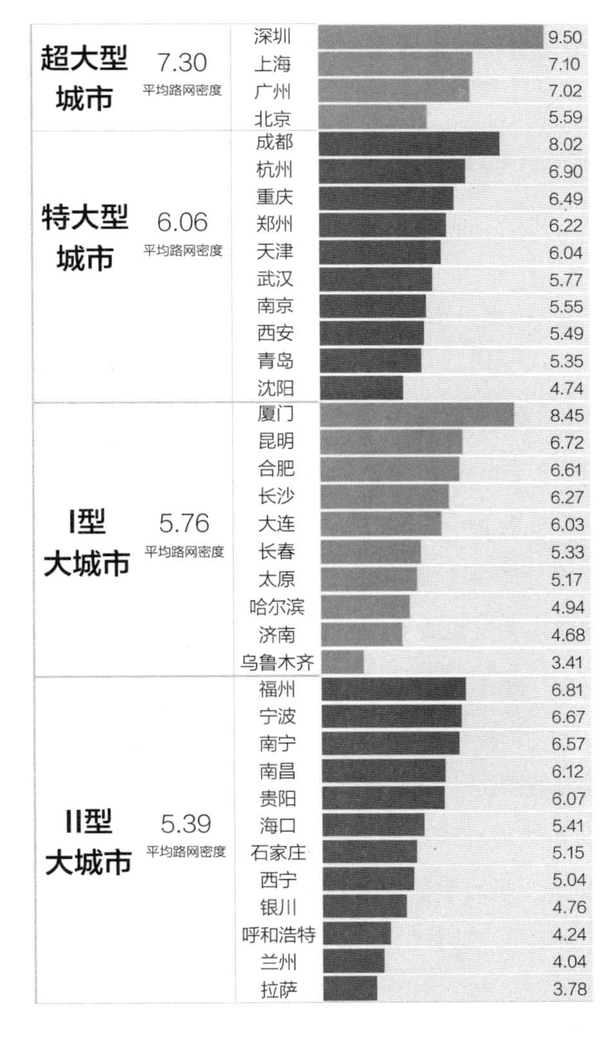

图6-5 城市道路网密度和城市规模的关系

图片来源：2018年度《中国主要城市道路网密度检测报告》

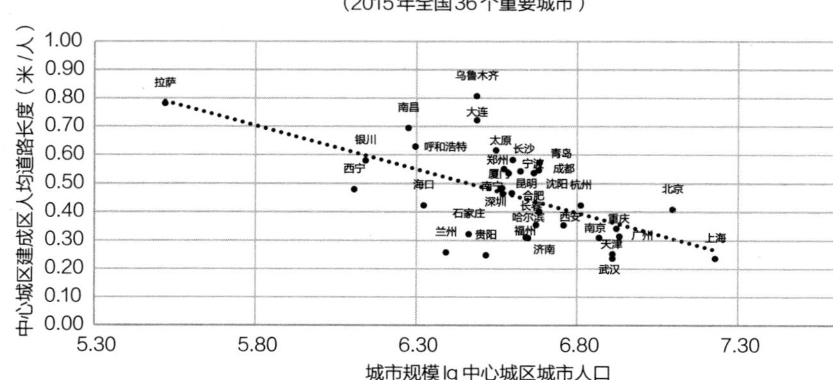

图6-6 2015年全国36个主要城市人均道路长度和城市规模对数线性关系

数据来源：道路长度数据来自2018年度《中国主要城市道路网密度检测报告》；中心城区人口数据来自各城市2016年统计年鉴

路长度节约30%左右，这甚至超过了杰弗里·韦斯特的城市基础设施亚线性规模缩放中15%指标的一倍。但由于样本数量较少，本文只能推演出大致规律，而无法得住具体数值。

在进行上述分析时，要严格控制数据的对应性，不能直接利用一个城市的常住人口，而是先分析一个城市的中心城区包含的城区，再将各个城区的人口相加作为和中心城区建成区道路长度的对应人口数据。例如2015年上海市常住人口总数为2415.27万人，而所对应的中心城区建成区的常住人口为1696.11万人。而这种中心城区常住人口和市常住人口不匹配的情况存在于每一个城市。

同时对全国36个重要城市的中心城区已建成区进行人均建设用地分析，其呈现了同样的亚线性规模缩放规律，在这36个城市样本中，上海中心城区人口规模是广州和重庆中心城区人口规模的两倍左右，而前者人均建设用地面积是后者的75%左右；上海中心城区人口规模是青岛和沈阳中心城区人口规模的四倍，而前者人均建设用地面积是

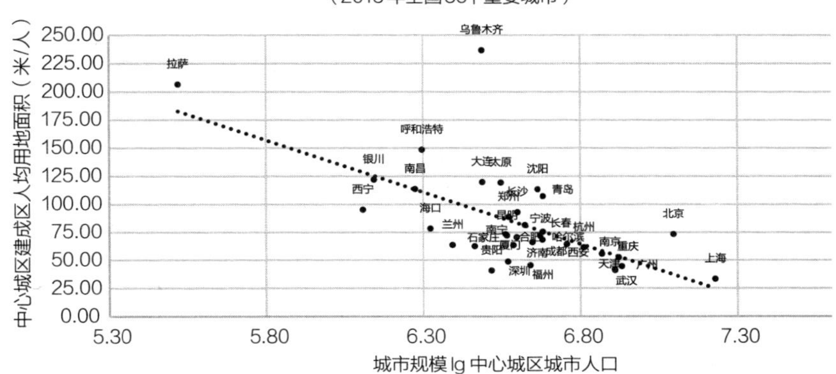

图 6-7 2015 年全国 36 个主要城市人均建设用地和城市规模对数线性关系

数据来源：建设用地数据来自 2018 年度《中国主要城市道路网密度检测报告》；中心城区人口数据来自各城市 2016 年统计年鉴

后者的30%左右。基本符合城市人口规模增加一倍，人均建设用地节约25%左右。

中国城市亚线性规模缩放的上海案例

作为超大城市，上海的“公交优先”发展理念日益深入人心，根据《上海交通行业发展报告（2017）》，2016年上海市公共交通日均客运量约1800万人次，其中轨道交通日均客运量929万乘次。上海市公共交通分担率达到49%。上海拥有中国最发达的城市地铁系统，在本书第二章“中国城市的‘理想交通’”中所阐述的，上海的人均地铁站数量和地铁站密度均为中国之最。因此大城市中正是基于发达的公共交通节约了地面道路基础设施的建占地面积。同样其高强度的城市建设策略形成的高强度人口集聚带来了更多的创意交流，为上海的创新发展提供了智慧基础，庞大的人口基数和创新环境正在成为上海参与全球城市竞争的最重要的基础设施。

中国城市超线性规模缩放实证研究

为了验证中国城市社会经济指数的超线性规模缩放规律的适用性，选取了2017年全国GDP排名前100名的城市作为研究对象，其中包括了城市规模超过2000万人口的北京、上海等城市，也包含了城市规模仅有200多万人口的鄂尔多斯、大庆、东营、包头等城市。城市规模的分散系数具有研究意义上的可行性。将这些城市的指标都放在一个坐标系，其横向和纵向坐标都是用对数标注的，这意味着横轴和纵轴刻度增长倍数都是10倍。采用这种方式绘制的图，其斜率便是幂律（power law）的指数。通过研究可以发现，中国的GDP排名前100城市的经济指数并不遵守超线性规模缩放规律，大多数城市的人均GDP和城市规模的线性关系并不明显，例如人口规模仅有200多万的城市鄂尔多斯、东营、大庆、包头等城市的人均GDP甚至超过十倍规模以上的北京和上海，人均GDP较低的城市出现在中等大小规模的城市遵义、周口、南阳等城市

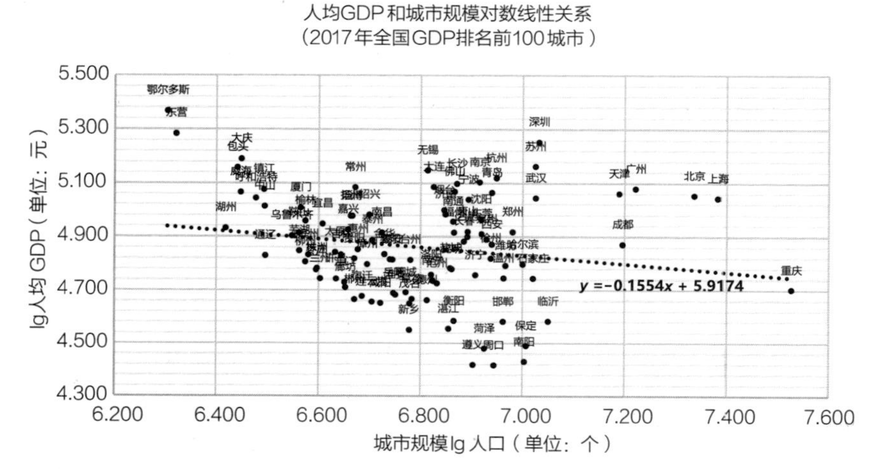

图6-8 2017年全国GDPtop100城市的人均GDP和城市规模对数线性关系

数据来源：2017年全国GDP排行 http：//www.chyxx.com/industry/201801/602130.html

中。因此可见，在全国范围内，城市人均GDP和城市规模不存在显著的相关关系，也不存在超线性规模缩放的分布规律。

为什么中国范围内的城市不符合超线性规模缩放规律？

迈克尔·波特（Michael Porter）在《国家竞争优势》(The Competitive Advantage Of Nations）中把国家竞争力发展分为四个阶段：一是生产要素导向阶段（依靠投资或廉价劳动力）；二是投资导向阶段（大规模产能扩张）；三是创新导向阶段；四是财富导向阶段。中国东西部的城市处在不同的发展阶段，北上广深等城市已经进入创新导向阶段，东部沿海城市基本处于投资导向阶段的中后期，正在进入创新导向阶段，而中部的城市基本处在投资导向阶段，而西部的城市甚至依然处在第一阶段生产要素导向阶段。而在不同的阶段，规模经济效应对于规模聚集程度的发挥作用并不相同。例如，对于人口仅有201万的鄂尔多斯虽然总经济规模并不高，但依靠其丰富的矿产资源，人均GDP排名位于全国第一位，规模经济效应对于其经济效率并非起决定性作用。杰弗里·韦斯特（Geoffrey West）在提出规模法则的时候也提出了不同国家的发展阶段不同，因此不同国家的城市并不存在线性规模缩放规律。而在中国的城市不存在线性规模缩放规律，也是由于各个地区的城市发展阶段不同造成的。因此在中国并不能简单应用超线性规模缩放规律对城市经济的发展做出预判。

长三角城市超线性规模缩放的实证研究

我们缩小研究区域，选择相同发展阶段的区域进行实证研究，即长三角全部128个市县级城市。从常住人口在100万左右的嵊泗县、云和县和庆元县等城市到常住人口超过2000万的上海市。城市规模的分散系数具有研究意义上的可行性。从研究结果可以发现，城市人均GDP和

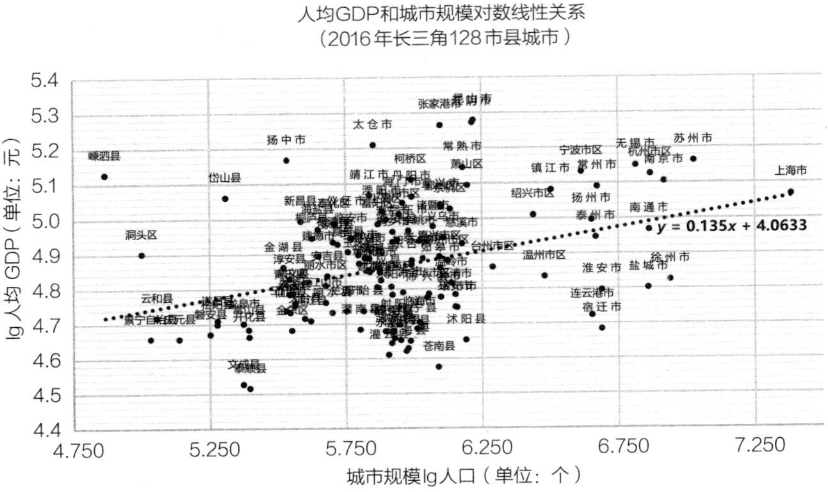

人均GDP和城市规模对数线性关系
（2016年长三角128市县城市）

图6-9 2016年长三角128市县城市人均GDP和城市规模对数线性关系

数据来源：各省市统计年鉴[8]

城市规模存在着超线性规模缩放规律，即随着城市规模的扩大，城市人均GDP也相应增长，增长率基本在13%之间，这和杰弗里·韦斯特提出的15%的超线性规模增长的结论大致相当。但仍有不少城市具有特殊性，例如昆山市、太仓市、张家港市等城市明显的高出平均线；而文成县、泰顺县和苍南县等城市也明显的低于平均线，长三角城市虽然大致符合超线性规模缩放规律，但离散程度仍然较大。

浙江省城市超线性规模缩放的实证研究

我们进一步缩小研究区域，以浙江省73市县为研究对象，结果发现城市人均GDP和城市规模存在较强的超线性规模缩放关系。除嵊泗县、洞头区、岱山县等少数中小城市偏离了线性增长趋势以外，其他大多数城市均符合随着城市规模增加，城市人均GDP同步增加的规律。且线性增长率在16%，更加接近杰弗里·韦斯特提出的15%的超线性规模增长的结论。除了人均GDP以外，人均零售额也和城市规模存在着超线

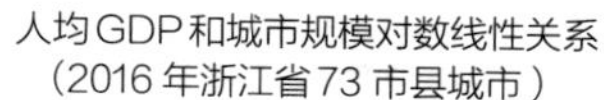

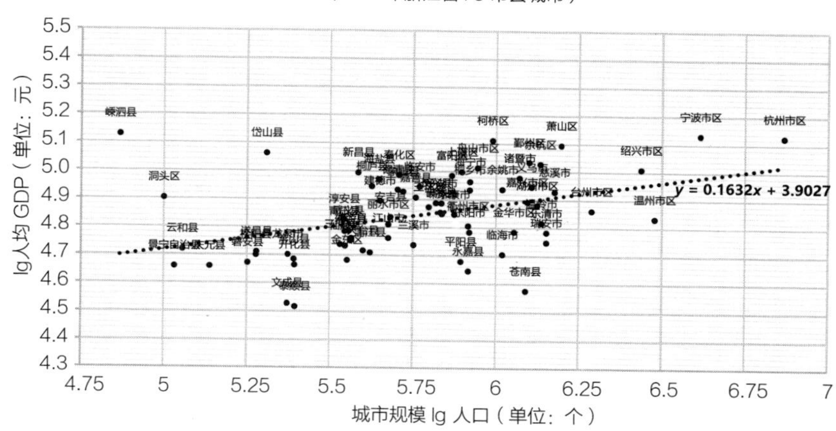

图6-10 2016年浙江省73市县城市人均GDP和城市规模对数线性关系

数据来源：2017年浙江省统计年鉴[9]

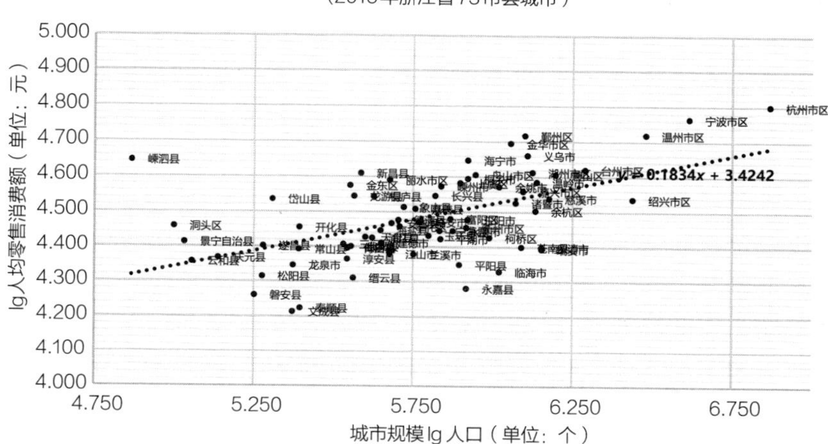

图6-11 2016年浙江省73市县城市人均零售消费额和城市规模对数线性关系

数据来源：2017年浙江省统计年鉴[10]

性规模缩放关系，且增长指数为18%。在城市的亚线性规模缩放的研究中，本书仅对公共图书藏量和医院床位数进行了研究，分析结果发现，城市公共设施和城市规模的相关性不大，城市基础设施的亚线性规模

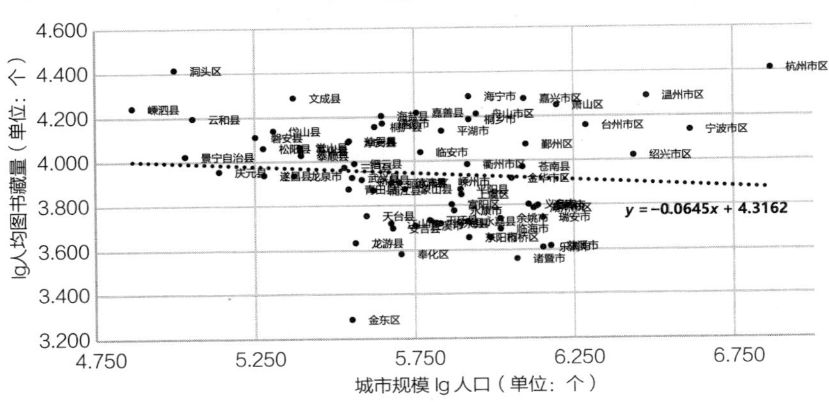

图 6-12 2016 年浙江省 73 市县城市人均公共图书藏量和城市规模对数线性关系

数据来源：2017 年浙江省统计年鉴[11]

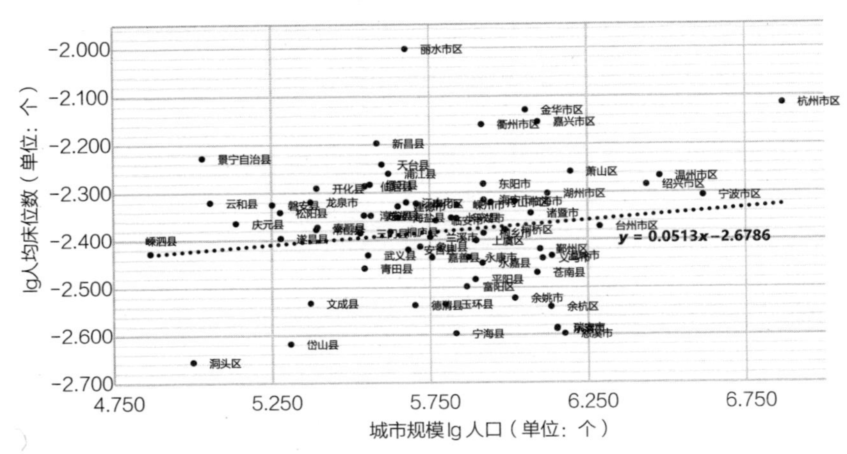

图 6-13 2016 年浙江省 73 市县城市人均医院床位数和城市规模对数线性关系

数据来源：2017 年浙江省统计年鉴[12]

缩放指数不明显，当然这需要进一步对城市其他基础设施的进行深入研究才能得出结论。

江苏省城市超线性规模缩放的实证研究

虽然浙江省高度符合了超线性规模缩放的规律，但即便在同一个省域范围内，城市的社会经济指数也不一定和城市规模成相关关系。以江苏省为例，江苏省54市县城市的人均GDP和城市规模基本没有相关关系，城市人均GDP最高的城市是中等规模大小的昆山市，而人口规模倒数第二的扬中市，其人均GDP却排名前列。因此可以得出江苏省和浙江省的情况并不相同，江苏省省域内的城市仍然具有较大经济发展阶段的差距。江苏省地跨长江和淮河，地理上同时跨越南方和北方，基本上可以划分为苏南和苏北两个区域，苏南地区靠近上海，民营经济发达，人均GDP排名靠前的昆山市、太仓市、江阴市等城市虽然城市规模不大，但在地理区位上均靠近上海市，成为上海都市圈中重要的一环。而苏北的东海县、泗洪县、灌云县虽然城市规模和昆山市相似，但其人均GDP均为昆山市的1/4左右。因此在这种发展不均衡的省域内，

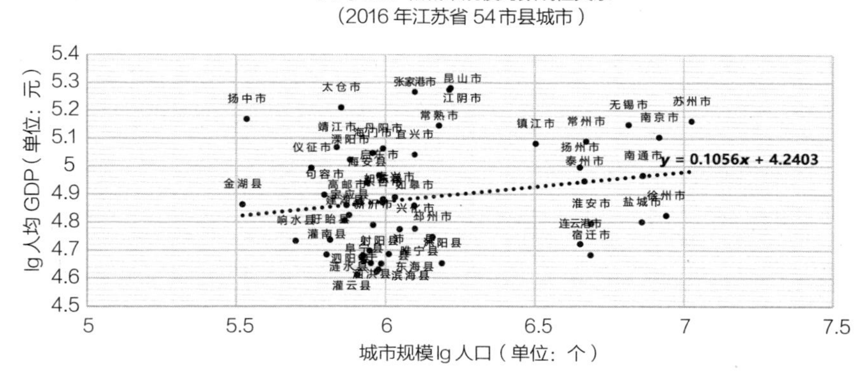

图6-14 2016年江苏省54市县城市人均GDP和城市规模对数线性关系

数据来源：2017年江苏省统计年鉴[13]

城市的超线性规模缩放规律也毫无用处。

以上研究表明，城市的线性规模缩放并非一个普适性的规律，或者说城市规模和其他要素共同影响着城市经济的发展，而并非杰弗里·韦斯特（Geoffrey West）在他的著作《规模》中所说，存在着一种超越了历史、地理环境、文化的适用于世界万物的普适法则。但如果剔除掉地理区位、发展阶段和政治因素等影响之后，城市规模的聚集效应仍然具有重要的作用，简单来说，城市规模增加一倍，城市人均GDP增加10%左右，这种趋势在中国的长三角区域和浙江省具有明显的特征。

超线性规模缩放原理的解释

一般来说，我们可以从经济学中的规模经济效应来解释，但规模经济本身和超线性规模缩放的概念相类似，而要研究城市的超线性规模缩放的本质是什么？就必须从城市的本质出发进行研究，即城市人的角度。有一系列针对城市中人类活动的有意思的研究，例如步行速度也存在着超线性规模缩放，大城市步行速度明显高于中小城市；通过对葡萄牙的手机数据和英国的固定电话数据，一座城市中人们在特定时间段内电话联系的总次数和该城市的人口规模城市1.15的幂律比例变化，因此可以得出城市人的忙碌程度也和城市规模也存在着超线性规模缩放关系，而城市社会中人的互动系统性增长是城市中社会经济活动的根本驱动力，其创造的财富、知识创新、暴力犯罪以及繁荣和机遇都通过社会网络和范围更广的人际互动而得到传播和提升。因此当更大规模的城市提供了更多的社会交往和企业互动，其产生的经济效率也会随之增加。

注释

【1】 规模是商业综合体竞争力的重要指标之一，同时商业综合体布局应考虑服务人群的分布范围。

【2】 数据来源：Euromonitor、中商产业研究院整理。

【3】 数据来源：2017年职工平均工资来源于国家统计局2017年人均星巴克门店数量（店/百万人）城市人口数据来源于各市统计年鉴，各城市星巴克数量来自网站统计，https: //tieba.baidu.com/p/5514729703?red_tag=0081463959.

【4】 数据来源：http://www.kafeipp.com/scfx/1774.html.

https: //tieba.baidu.com/p/5514729703?red_tag=0081463959.

【5】【7】 数据来源：城市人口数据来源于各市统计年鉴，各城市星巴克数量来源网站统计，https: //tieba.baidu.com/p/5514729703? red_tag=0081463959.

2017年城市创意指数CCCI来源于 中国城市创意指数（CCCI2018），http://wemedia.ifeng.com/90855137/wemedia.shtml.

2017年中国城市休闲化指数来源于华东师范大学休闲研究中心，https: //www.sohu.com/a/204046884_692841.

2017年中国城市竞争力数据来源《2017中国城市竞争力报告》http://hd3g.gxnews.com.cn/viewthread-15468813.html.

【6】 2014年至2017年，华东地区上海、杭州、南京、宁波四个城市的星巴克门店增长速度按照直营店增长速度计算，将门店数量缩减为现状的63%。

【8】 数据来源：

2017年浙江省统计年鉴http://tjj.zj.gov.cn/col/col1525563/index.html.

2017年江苏省统计年鉴http://tj.jiangsu.gov.cn/2017/nj20.htm.

2017年上海市统计年鉴http://www.stats-sh.gov.cn/html/sjfb/tjnj.

【9-13】 数据来源：

2017年浙江省统计年鉴，http://tjj.zj.gov.cn/col/col1525563/index.html.

第七章〈

矛盾——中国城镇化的矛盾与出路

中国城镇化最主要的矛盾是
低端的进城人口和高昂的城市地租之间的矛盾

在宏观经济发展层面要吸纳农村人口进城，
提高城镇化率和人均生产效率

而在微观操作层面又要严格限制城市土地供应，
防止出现拉丁美洲贫民窟式的城镇化

中国城镇化的两大矛盾：人口与土地

中国城镇化最主要的矛盾是低端的进城人口和高昂的地租之间的矛盾。在宏观经济发展层面要吸纳农村人口进城，提高城镇化率和人均生产效率；而在微观操作层面又要严格限制城市土地供应，防止出现拉丁美洲贫民窟式的城镇化。

2018年是中国改革开放40周年，中国经济改革进入不惑之年，廉价劳动力的人口红利基本消失殆尽，中国经济发展从量的扩张走向质的提升，从劳动力方面可以更加直接的解释中国经济改革，即提高人力资本和人的生产效率以带动经济发展。而农业人口转为非农业人口是最直接的办法，按照2017年城乡常住人口和三产产值估算，城镇人均GDP是乡村人均GDP的8.3倍，按照这种简单的逻辑，将乡村人口转变为城镇人口可以进一步解放潜在的劳动生产力，促进经济发展。

而即使在2018年市场化改革的今天，城镇土地的供给依然是配给制，即土地用途管制和用地指标分配制度，成为国家调控经济发展的手段之一。高房价得以维持的一个重要原因即新增土地指标的管控，而高房价带来的“城市挤出效应”正在驱离大城市中的人口，而不是促进乡村人口进城。正是基于这种现实的考量,《国家新型城镇化规划（2014—2020）》提出了鼓励中小城市发展及限制大城市人口规模的差别化落户政策。而自中国快速城镇化以来，关于优先发展大城市还是中小城市的问题一直是学术界争论的焦点，在本书的第六章中“中国城市的线性规模缩放法则实证研究”就已经提出大城市的经济效率要远远高于中小城市，直到2019年，发展改革委印发《2019年新型城镇化建设重点任务》，提出继续加大户籍制度改革力度，在此前城区常住人口 100 万以下的中小城市和小城镇已陆续取消落户限制的基础上，城区常住人口 100 万～300万的Ⅱ型大城市要全面取消落户限制；城区常住人口 300 万～500万的Ⅰ型大城市要全面放开放宽落户条件，并全面取消重点群体落户限制。大城市和中小城市开始拥有基本一致的落户政策，最终会形成中国“大国大城”的发展路线。

人口城镇化
——弱势群体的无声呐喊

从1978年到2018年的40年间，中国的城镇化率从17.92%增长到接近60%，基本上以每年1%的速度在增长，进入改革不惑之年，人口城镇化正在呈现出新的结构性现象。

现象1——十年人口的代际缩减

受计划生育的影响，中国的十年一代的“青年人”正在逐步减少，根据2010年中国人口普查数据显示，“70后”的人口总数是2.24亿，“80后”是2.19亿，而“90后”则少于2亿，为1.88亿，甚至“00后”则直接下降到了1.47亿。而2010年中国的城镇化率仅为49.9%。一方面是年轻人越来越少，另一方面中国的城镇化率还远没有结束，从人口迁移的年龄阶段统计来看，青年人是从农村地区迁移到城市地区的主力军，因此青年人的锐减导致了中国人口城镇化的巨大压力。

现象2——乡村与城市人口老龄化的时间差

中国已经正式进入到少子老龄化阶段，然而乡村和城市处在不同的老龄化阶段，由于人口迁移和年龄结构有较大的关系，年轻人是城镇化提升最主要的人口来源。所以在农村出现严重老龄化的时期，城市中的老龄化问题得到了推延。在少子老龄化前期，地方和农村老龄化进程较快，目前中国农村地区的老龄化已经非常严重，在部分农村甚至只能看到老人和儿童。在少子老龄化后期，即最后一代婴儿潮出生的年轻人也变老之后，城市老龄化将会突变成更大的问题，而这一过程只需要20年至30年的时间。

中国必须把握这短暂的窗口期，完成人口城镇化和经济转型，财政部部长楼继伟在2015年“清华中国经济高层讲坛”上的演讲称中国的劳动力人口的绝对数量以每年200万～300万的速度在下降，因此必须进一步解放农村劳动力，通过人力资本的提升和人均生产效率的提高来弥补劳动力数量的下降，人口城镇化必须要有新的政策应对，提出新的转移机制和动力。

自2014年开始，从中央到地方即开始出台一系列积极政策推进人口城镇化。2014年3月，中共中央、国务院印发《国家新型城镇化规划（2014—2020）》，提出人口城镇化和产业城镇化的重要性；2014年7月，国务院印发《关于进一步推进户籍制度改革的意见》，取消农业和非农业户口区分；而在推动农村居民向城镇居民转移的过程中，各城市出台了大量的政策文件，例如2017年10月出台的《濉溪县促进农民进城购房工作实施意见（试行）》、开封市《关于促进住房消费暨农民进城购房工作的意见》等，都提出了农村居民在城市买房的优惠政策。

动因——收入差距是人口城镇化的本质原因

要促进人口城镇化，首先要分析人口转移的本质原因是什么？借鉴日本城镇化的经验，比较日本人均最低的五个行政区和人均收入最高的五个行政区的收入差距的变化曲线，发现其和日本的人口流动人数变化曲线成紧密的正相关关系，在经济开始增长期间，大城市和地方的收入差距增大是人口迁移快速增长的重要原因，经济发展后，大城市和地方收入差距缩小，而大城市物价和住宅价格上升，使得大城市生活成本高昂，人口向大城市流动的速度就会减慢。因此可以说地区收入差距是人口流动的主要因素。就像空气从压强高的地方流动到压强低的地方一样自然，人们从收入低的地方迁移到收入高的地方也是顺其自然的过程。收入差距扩大使人口向大城市圈迁移，而人口迁移又能造成收入差距缩小（例如农村地区人口减少，随着农业产业化和机械化发展，人均耕种土地面积增多，则人均收入增加）。因此收入差距和生活成本共同决定着人口的流动。当然其他因素也是吸引年轻人进入城市的原因，包括城市的文化、自由的环境、创新的氛围和完善的配套设施，因此虽然日本各地区间收入差距缩小，大都市圈生活成本高昂，但日本80%的人口都居住在三大都市圈内。而美国加州湾区虽然房价高企，但由于其创新的城市环境，也吸引着全世界的创新人才前往。

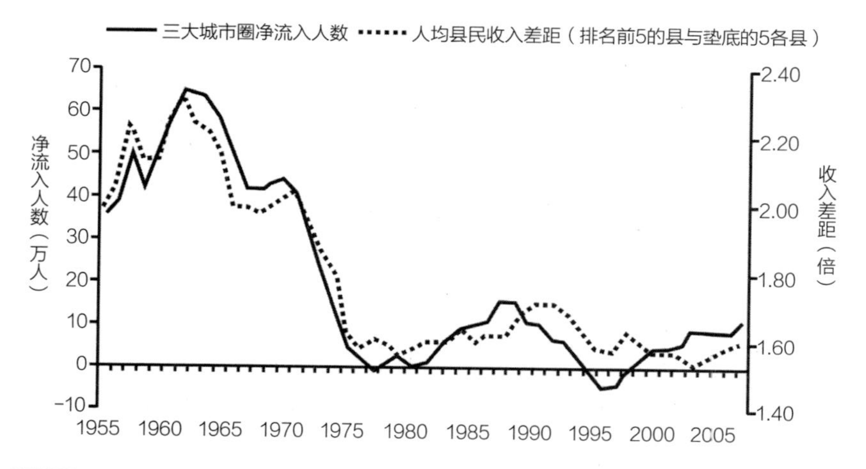

图 7-1 日本人口流动和地区收入差距波动曲线

图片来源：《日本的城镇化》

同样，收入差距也是农村人口向城镇人口转移的重要原因，据中国农业部公布的2017年的数据，2017年城乡居民收入差距为2.71倍，而按照2017年城乡常住人口和三产产值估算，城镇人均GDP是乡村人均GDP的8.3倍。这两组数据的差距最主要存在于2017年全年2.86亿农民工的收入。收入差距是人口城镇化的动力，但并非要人为制造收入差距，收入差距的缩小是城镇化的结果而非原因。从这个角度来看，中国正在实施的“乡村振兴”战略起到了与人口城镇化政策相反的作用，减弱了人口城镇化的动力。在城市老龄化和人口城镇化交错的短暂窗口期，应不遗余力的加大城镇化力度，增加城市产业的活力和创新力，扩大城市产业人口包容度，同时加快第一产业的现代化和规模化，进一步促进乡村劳动力的解放，而非综合提升战略的“乡村振兴”。

策略——农业转型与城市产业升级的契合

中国的人口城镇化需要农业转型和城市产业升级的相互配合，任何单方面的措施都无法实现新型城镇化。在跨越中等收入陷阱众多指标中，重要的一条就是使第一产业的生产效率超过二、三产业，同时农民平均年收入等于或超过城市居民年收入。

农业转型和农民工进城

美国仅用了占全国2%的农业人口就养活了全美国人，甚至还有剩余的农产品出口到世界各国。而中国的农业生产至今都是劳动密集型产业，这源于1978年的农村家庭联产承包制改革，中国要实现农业现代化和规模化改革，需要从制度本身改革开始，推动农村土地流转以及土地所有权和使用权的分离，促进农业机械化和规模化生产，从而大幅提高农业作业效率，解放农业从业人口。

人口城镇化重点在于常住人口城镇化率质量的提升。2017年全国大陆人口为13.9亿，户籍人口城镇化率为42.35%，常住人口城镇化率为58.52%[1]，两种城镇化率统计口径的人口差距为2.24亿人，而2017年农民工的数量为2.86亿，则至少有6200万农民工在城市就业的时间少于6个月[2]，即处在半城市半乡村的游离状态；而农民工在城市工作的时间为10个月左右[3]，剩余的两个月则居住在农村。要实现这部分农民工的真正城镇化，必须要提供进城农民的城市化服务，包括教育、医疗、住房、休闲娱乐等，享受居住在城市的待遇。否则，仅农民工子女上学难一项，农民就无法进城。这就需要进一步完善政策制度，提高公共服务的公平，让进城农民真正享受到城市化的福利。

在一项针对农民工对所在城市的归属管的调查显示[4]，按城市规模分类，认为是本地人的农民工占比分别是：500万人以上城市为15.3%，300万～500万人城市为23.9%，100万～300万人城市为39.2%，50万～100万人城市为46.7%，50万人以下城市和建制镇为63.0%。因此可以得出，城市规模越大，农民工的归属感越弱，对城市生活适应难度越大，城市规模越小，农民工归属感越强，对城市生活适应难度越小。这似乎呼应了《国家新型城镇化规划（2014—2020）》中提出的“全面放开建制镇和小城市落户限制，有序放开城区人口50万～100万的城市落户限制，合理放开城区人口100万～300万的大城市落户限制，合理确定城区人口300万～500万的大城市落户条件，严格控制城区人口500万以上的特大城市人口规模”。但是中国实际的人口流动中，一方面因为东部地区和中西部地区的收入差距，另一方面大城市相比中小城市创造了更多的就业机会，导致跨省流动农民工占比达到60%[5]。而这部分农民工的就地城镇化是很难实现的，现实和政策的矛盾正在成为阻碍城镇化健康发展的重要因素。《2019年新型城镇化建设重点任务》中提出的鼓励大城市的发展策略是一个正确的方向，但应该为进城农民工提供完善可实施的城市生活配套服务，增强进城农民工在大城市的归属感。

从农民工从事的行业来分析，2017年从事第二产业的农民工比重为51.5%，其中从事制造业的农民工比重为29.9%，从事建筑业的农民工比重为18.9。从事第三产业的农民工比重为48%，其中从事批发和销售的农民工比重为12.3%，从事交通运输、仓储和邮政业的农民工比重为6.6%，从事住宿和餐饮业的农民工比重为6.2%，从事居民服务和其他服务业的农民工为11.3%[6]。农民工大多从事在这六种行业，而这六种行业基本分为两类，劳动密集型制造业和中低端服务业。分别分析这六个行业，低端的制造业面临着机器人的竞争，随着工业4.0发展，更多的制造业岗位将被人工智能替代；建筑业也受到建筑工业化改革的影响；批发和零售行业正在迎接互联网和新零售的冲击，无人商店将进一步减少雇佣劳动力；交通运输和物流行业也正在面临着科技的变革，无人驾驶货运汽车、自动分拣物流系统的应用都在使这个行业更加自动化和智能化，减少对农民工的需求。也就是说未来科技的发展和人工智能的应用，首先取代的就是低层农民工从事前四种的行业，而只剩下住宿餐饮和居民服务业。可将这两种行业统称为城市生活服务业。

改革开放以来，城市居民率先分享了经济发展的成果，城乡收入“剪刀差”一度成为热门话题，但随着农村劳动力解放，农民工进城，“剪刀差”的概念正在逐渐变得少有人提起。但城乡收入的“剪刀差”并没有消失，只是换了一种新的存在形式。城市居民享受着进城农民工提供的价格低廉的服务，继续享受着剪刀差带来的隐形福利。以美国作为参考，每小时生活服务的费用相比其他行业也是昂贵的，最重要的原因是“城市人”在服务“城市人”，高昂的人工服务费锻炼出了美国人自己动手的能力。而中国城市居民能得到价格低廉的人工服务，是因为“农民工”在服务“城市人”。参考2017年农民工平均月工资为3485元，其中从事居民服务行业的农民工平均月工资最低，仅为3022元。进城务工的农民工所得的低工资除了维持基本的城市生活所需，更多的开支是在更低物价的农村消费的。在城市赚钱，在农村消费成为农民工无奈的选择。而只有提高生活服务业的附加值，农民工才有可能真正的工作在城市，生活在城市。

按照经济学思维来解释这种现象，城市生活服务业之所以价格低廉，一方面是从事城市生活服务的劳动力供应大于需求；其次是城市生活服务的可替代性，例如当家政服务的价格超过一个中产家庭的经济负担能力时，这个中产家庭会减少或不雇佣钟点工打扫房间；更重要的是经济发展阶段的落后，不足以支撑起生活服务行业的多样化需求和高端化发展。这就需要城市整体经济的发展，减少行业之间不平等待遇，同时增加农民工的非农行业的培训机制，提高生活服务业的质量。

土地城镇化
——类货币管制下的增长之路

城市土地的金融属性

中国的土地使用采用土地用途管制和用地指标分配制度，自从2006年出了18亿亩耕地红线，城市建设用地更严重的成为国家计划的一部分和调控经济的手段。中央政府每年会颁布当年度的土地利用年度计划和土地利用指标，然后再将用地指标划分到各省和自治区，再层层下拨到市、区和县。每年度各地方建设用地面积设置最高限度，不得突破。确因发展需要，用地不够的，需与外省调剂，报省政府或国务院批准。任志强对中国的房地产市场有自己的看法，并形成了一套足以自洽的理论。在他看来，这个畸形行业的所有弊病都是土地国有化造成的，因为国家控制了供给权，从而使得土地具备了类货币的性质。从这个角度来看，用地指标分配制度表面来看是国家为保护18亿亩耕地红线，但同时也成为调控国有土地价格的工具。

因此来对比城市国有土地和货币的区别，我们会清晰地发现两者的模式几乎一模一样。两者在控制发行方、增发依据、经济调节作用、单位价格波动状态等方面具有本质上的相似性，这让城市土地供应和国家货币调控成为政府调节宏观经济和财富分配的两项同等重要的方式。但在增长的极限方面有所不同，货币供应会随着经济的发展而无限度的增长，而城市土地在短时间内却无法持续的增长，城市的规模受到政策的调控（上海和北京最新版的城市总体规划都提出了不再新增城市建设用地）和技术发展的限制，在短时间（人的生命周期）内城市土地属于稀缺资源。而我国的城镇化处在中期阶段，土地调控依然是调整经济发展的重要工具。

城市规模与交通技术的关系：一小时通勤定律（马尔凯蒂定律）

切萨雷·马尔凯迪是意大利的物理学家，也是维也纳国际应用系统分析研究所的高级研究员。其在1994年发表的论文阐述了每日通勤时间的恒定性，即每天一小时，因此，由于步行速度约为一小时5公里，因此一座“步行城市”的典型范围长和宽各5公里，相当于25平方公里的面积大小，在古代，无论罗马还是波斯波利斯，大型城市的直径一般不会超过5公里。今天的威尼斯也是一座步行城市，其相互连接的中心之间最大的距离为5公里。随着马车、公交车、火车以及汽车的出现，城市规模得以扩大，但出行时间依然受到一小时规则的限制。由于汽车时速在市区中平均能达到40公里，所以城市的长和宽可以扩展到40公里，因此城市的面积可以扩展到1600平方公里，粗略估算，按照人均建设用地100平方米计算，现代大都市人口能达到1000万以上，这比“步行城市”面积扩展了60倍。

城市国有土地和货币 M2 的相似性对比表　　表 7-1

	城市国有土地	货币 M2（人民币）	是否具有相似性
控制发行方	中央政府	中央银行	是
增发依据	城市经济发展 对土地需求的增长	GDP增长和 适度的货币通胀	是

续表

		城市国有土地	货币 M2（人民币）	是否具有相似性
对城市或经济的调节功能	增加供给	有利于控制土地价格，稳定不动产价格	有利于扩大投资 增强经济发展动力	是
	减少供给	有利于提升土地价格 提高不动产价格	有利于控制资产泡沫 降低通货膨胀	是
单位价格波动状态		国有土地拍卖成交价格溢价率的涨跌	通货膨胀或通货紧缩	是
增长的极限	短时间	政策控制 超大城市从增量土地向存量土地转移	随着经济发展而增长	否
	长时间	随着技术发展呈现几何式增长		是

土地城镇化与经济发展的关系

从这个角度来看中国的土地城镇化的过程，就像央行的货币政策一样，良好的宏观货币政策对调整经济发展有重要作用，中国自上而下的土地管控对中国的土地城镇化起到了关键作用，避免了拉丁美洲“虚假城镇化”现象的出现。很多学者批评中国的土地管控制度，认为其阻碍了城镇化的发展，使中国的城镇化水平落后于社会经济发展水平，形成了“滞后城镇化”的现象。要解释清楚这个问题，首先要研究城镇化和经济发展的辩证关系。人口向城市迁移并不一定会推动经济增长和生产率的提高。如果人口流入的城市没有优质的产业为依托，只会导致城市的贫民窟化，拉丁美洲的“虚假城镇化”就是这么产生的。只有经济结构根据经济发展阶段进行转换，经济才会增长，并创造良好的就业机会，收入才会随之增加，作为其结果，人口才会向城市迁移。所以城镇化是结果，而非前提。日本东京大学教授和泉洋人对日本的城镇化的总结：经济发展带动了城镇化，城镇化是经济发展的结果，用城镇化带动经济发展会带来产业空心化和空间低质化的后果。

那么如何使城镇化成为经济发展的结果，而不是相反？

中国的城市国有土地用途管制和指标配给制度形成了具有中国特色的土地财政，虽然中国城市的土地财政和房地产行业给实业造成了冲击，但这种冲击总是一体两面的。稳定的土地配给制度为形成了良性的市场预期，形成了土地的稀缺性，而稀缺资源通过市场竞争这个无形的手催生了更高效的利用方式，那些低附加值的产业无法在高地租的城市内存活，高地租的结果即在倒逼城市经济转型，只能通过创新并发展高附加值产业才能在城市站稳脚跟。或者说高地租和高附加值产业是相互依存的，保障了高质量的城镇化进程。

矛盾的出路
——产业升级与人口迭代

中国城镇化的现实矛盾是高昂的城市地租和低端的进城人口之间的矛盾，中国如何在高地租的基础上实现人口城镇化呢?

2017年，中国的人均GDP达到9481美元，处于“跨越中等收入陷阱”的关键时期，转型发展成为社会共识，但发展路径却并没有那么明确。要实现发展的跨越，需要产业升级和人口迭代同步进行。

第一层面，以机器人代替最低端的劳动力，尤其是劳动密集型产业需要大力发展智能化和自动化，缓解劳动力下滑带来的经济衰退。比如富士康在2011年就提出了“百万机器人计划”，2010年至2014年，中国的工业机器人年均销量增速在50%以上[7]。

第二层面，解放低端产业劳动力，通过技能培训升级为附加值更高的产业人才，同时更加注重教育的公平。2017年接受非农职业技能培训的农民工占比为30.6%，而初中及初中以下学历的农民工占3/4以上[8]。通过再教育和加强职业培训，可有效增加劳动力的附加产值。同样以富士康为例，从2011年宣布投入“百万机器人”开始，富士康有意识培养员工转型，允许员工先报考富士康与高校、培训机构合作的IE学院，拿到大专学历，再在江苏南通精密模具培训中心进行为期三个月的关于自动化操作的培训，形成从普通流水线员工到自动化工程师的转型。

第三层面，产业结构转型升级，高端技术人才成为创新主力。从传统制造业向信息技术和高新技术产业升级，从投资导向到创新导向过渡。以日本为例，日本的产业政策有非常明显的变化，20世纪60年代以重工业为主，国家政策推动建立了大量工业园区；1980年后为了向信息技术、高新技术等高附加值产业转移，着力发展出台了一系列产业振兴政策；2000年后，政府开始转变政策，由政府指定振兴产业转为支持民间企业和风投资本、改变传统企业结构、推动企业并购，从而裁减丧失竞争力的企业部分。通过这些努力，促进了产业结构的转型。

第四层面，降低贫富分化，形成以中产阶级为主的城市人口分布。逐渐形成公平的生产性服务业和生活性服务业价值体系，才能最终解决人口城镇化和土地城镇化的价值统一。

要实现四个层面人力资本的迭代升级，需要一代人甚至更长时间的艰辛跨越。

注释

【1】 数据来源：国家统计局发布的《中华人民共和国2017年国民经济和社会发展统计公报》.

【2】 按照常住人口的定义，在一个城市居住半年以上才能统计为城市常住人口.

【3】 数据来源：国家统计局《2016年农民工监测调查报告》.

【4】 【5】【6】【8】国家统计局《2017年农民工监测调查报告》2017年全国农民工总量28652万人，比上年增长1.7%。其中，外出农民工17185万人，增长1.5%；本地农民工11467万人，增长2.0%。

【7】 数据来源：《2016—2022年中国机器人产业深度调研及发展前景预测报告》.

第八章〈

改革——城市改革的多维视角

"在一座城市成功转型以后
就像一条蛇褪去它的表皮一样，蜕变往往是非常彻底的
以至于我们忘了它曾经是一座工业城市"

——《城市的胜利》Edward Glaeser，纽约的变革

技术的极限与城市范式转移

范式转移，是指一个领域里出现新的学术成果，打破了原有的假设或者法则，从而迫使人们对本学科的很多基本理论做出根本性的修正[1]。范式转移就是冲出原有的束缚和限制，为人们的思想和行动开创了新的可能性。

技术的极限

技术的自然极限是指任何技术的存在都是有限度的。Foster通过对技术绩效与积累性投入的变化关系总结的S形技术曲线详细说明了技术的“自然极限”（图8–1）。Foster认为，在技术演进的初期，技术的绩效水平是较低的，但是，在随着投入的增加，技术的绩效水平将获得快速提高，当研发投入达到“拐点”时，技术绩效的提高幅度最大，而在当研发投入继续增加，超过了技术的最大绩效时，技术的绩效开始降低，再也不会有新的突破（Foster，1996）[2]。技术范式转移是指现有技术是迟早被新技术所替代的，因为在当技术的投入出现收益递减时，研究者就会将注意力转移到可替代性技术上去。技术范式转移能够带来产业结构和竞争的革命性变化，在新的产业竞争环境下，新企业将取代原有企业，最终整个产业随着新技术的广泛应用而出现革命性改变。

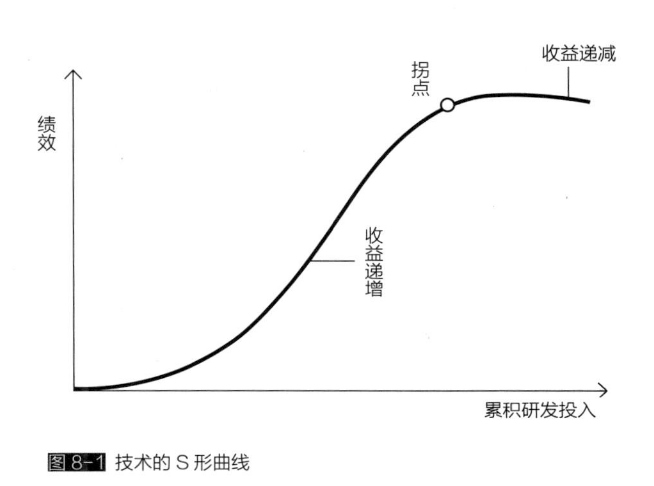

图 8-1 技术的 S 形曲线

城市范式转移的四个阶段

城市的范式转移伴随着技术范式转移同步发生，现代城市也是在18世纪中叶的工业革命中诞生的。自工业革命以来，共发生了三次大的技术范式转移，由于全球化的垂直分工，产业在全球中进行了梯度转移，城市也形成了三次重要的跃迁，第一次技术范式转移从农业、手工业转移到大规模生产的工业时代，大量人口从农民进城成为工人，形成了第一批的工业城市；第二次技术范式转移从工业时代升级到电气化和自动化时代，产业服务和金融服务等职能的重要性逐渐增加，开始出现一批以服务业为主的城市；第三次技术范式转移从电气化和自动化进化到互联网和信息技术时代，知识创新成为第一生产力，从而产生了知识城市；现在和未来正在进行着第四次技术范式转移，人工智能开始渗透到各个产业中，生产力会得到进一步质的提升，由此产生的第四代城市有更多可以憧憬的未来空间。这些技术之间并非界限清晰，而是相互促进的，信息化和自动化提高了工业生产效率，工业产业链和互联网结合，又大幅降低了交易成本。同样，城市划分也并非完全界限分明，三次技术范式转移催生了不同主导功能的城市，大部分城市都是三种城市类型的集合体，但城市的未来发展必须要鼓励改革，为创新培育良好的土壤环境，建立主动创新机制，鼓励市场竞争，发展出持续增长的动力，而固守原有的发展路线会跌入到失败的城市行列。

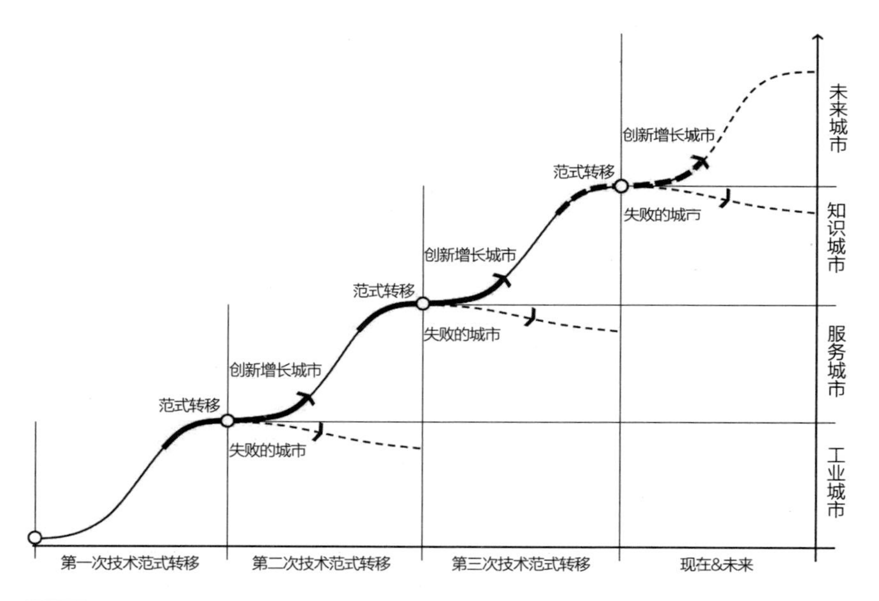

图8-2 城市范式转移的四个阶段

固执的失败者：从企业到城市

100分的输家：诺基亚

从1996年至2010年，诺基亚公司位于全球手机销量世界第一的位置

14年之久，它于1996年就推出了智能手机的概念机，比第一代Iphone早11年，2007年推出智能手机商店OVI，比苹果应用商店App Store早一年，到2010年，其全球市场占有率仍然高达33%。此后三年，企业帝国大厦轰然倒塌，于2013年，微软仅以50亿美元收购其手机业务。台湾《商业周刊》在一篇题为《手机巨人为何倒下？100分的输家》的报道中感慨：“诺基亚犯的错，就是把自己的优点极大化后，没留余地让自己冒险，最后，成为100分的输家”。虽然诺基亚一直在创新，但其原有技术框架下的产品一直有着极大的优势和利润，导致其新技术的产品无法规模化生产。直到新技术企业的诞生，在全新技术框架下衍生出来的企业则会付出100%的努力推广新产品，直到迅速占领整个市场，这种速度之快超出了传统大企业的反应速度，直接导致其破产。大企业如果不主动进行范式转移，做能“跳舞的大象”，则必然会被新生的“大象”替代。

固守老路破产的底特律

当新的技术范式出现时，不管旧技术的企业多么强大，在创新面前都不堪一击。企业如此，对于一个城市来说同样如此。城市融合了多样化的企业类型，一家企业或一类企业的破产难以影响整个城市经济的发展，却可以延缓城市发展速度，甚至将城市经济拖入下行周期。尤其是城市产业类型越单一化，其下行风险概率会越高。二战之后，美国的城市发展进入后工业化时代，美国东部和中部传统的工业城市中，城市人口不约而同地开始降低，这些地区被称为“锈带”，形容工业的衰败像机器生了锈一样。从1950年到2007年，底特律人口缩减了55%[3]。很多城市开始转型，丹佛、匹兹堡、波士顿等城市都通过发展服务业、文化产业、新兴技术产业等进行了城市复兴，然而此时的底特律依然坚持走工业制造的老路。从1963年纽约时报的一期头版文章《汽车城高歌猛进》中可以看出底特律错误的坚持和自信。底特律汽车工业一直呈现衰退状况，直到2013年，底特律市负债超过180亿美元，正式破产。底特律的破产在于其和整个国家战略的脱离，当美国转向科技创新和金融服务为主时，底特律依然固守汽车工业发展的路线，未能及时进行新产业的培育和再生，成为世界上第一个破产的大都市。

创新范式转移的典范城市

纽约：从工业生产基地到世界金融中心

在20世纪50年代，纽约是美国最大的服装生产基地，它雇佣的工人比底特律的汽车产业还多50%，当全球化开始，纽约进入衰退，随后纽约积极寻求转型，以商业、技术、创新和金融为基础的产业升级使纽约再次站在世界城市的顶端。纽约的变革正如《城市的胜利》作者Edward Glaeser所写的一样："重新振兴这些城市需要彻底抛弃原来的产业模式，就像一条蛇褪去它的表皮一样，在一座城市成功振兴以后，蜕变往往是非常彻底的，以至于我们忘了它曾经是一座工矿城市，一座工业城市"。

毕尔巴鄂：范式转移的奇迹

西班牙毕尔巴鄂曾是欧洲重要的钢铁及造船业中心，但20世纪80年代的经济危机和洪灾重创了这座城市，城市经济增长乏力，城市人口减少，城市滑向了衰退的边缘。城市政府制定了创新发展的规划路径，而1997落成的古根海姆博物馆挽救了这座城市，并一步步走向充满生命力的艺术文化之城，是欧洲文艺青年心目中的艺术圣地，成为欧洲文化界人必躬逢之盛的城市，在 2004 年获得了威尼斯双年展的世界最佳城建规划奖，在2009 年毕尔巴鄂击败纽约、伦敦、墨尔本等 77 个城市获得首届“李光耀世界城市奖”。

杭州：跨越式范式转移典范

2000年，杭州建成区面积为177.18平方公里，基本为环湖发展，第二产业和第三产业分别占GDP总额的51.3%和41.1%，支柱产业为食品加工业、纺织业和加工制造业[4]。到2017年底，建成区面积为591.08平方公里，杭州从环湖发展，到拥江发展，第二产业和第三产业分别占GDP总额的34.6%和62.9%[5]。以互联网经济为新的技术范式支撑，杭州从弱工业城市发展成为强知识城市，跨越了服务城市（金融城市）的阶段，实现了城市的量级跃迁。

城市空间的供给侧改革

供给侧改革的简易经济学原理

供给侧改革的全称是供给侧结构性改革，是我国经济发展改革的重大政策性措施，也是跨越“中等收入陷阱”的必要举措，是一项复杂而综合的系统性工程。而如果从最本质的经济学原理上进行解释，则没有那么复杂和深奥。经济学家常说的一句话是：“短期看消费，长期看供给”。而这句话最初的来源是两大经济学派的论战，到底经济发展靠消费改革还是靠供给改革？来自经济增长时期的萨伊定律（say’s law）提出，供给创造自身的需求（supply creates its own demand），即每当商品或服务生产或销售时，就代表某些人赚到了钱，然后产生等值的需求，提倡的是依靠供给改革提高经济发展。而来自经济萧条时期的凯恩斯法则（keynes’s law）则提出，需求创造自身的供给（demand creates its own supply），更大的总需求产生更大的供给，促使经济健康发展，其提倡的是依靠需求促进经济发展。然而当代经济学将两个学派的观点进行的综合，凯尔斯法则强调总需求，这经常和短期的政策有关联。而萨伊定律强调总供给，这和长期的技术增长和创新有关。所以长期来看，一个国家的发展程度和总供给相关，即总供给的能力，包括工人数量，工人的技能和教育程度，实物资本投资程度，以及在技术大爆炸时代的技术更迭，会形成供给侧生产能力的指数增长。这是我国的供给侧改革的真实目的，要想跨越中等收入陷阱，靠需求和消费是不可能的，只能靠供给侧的质的提升和飞跃，包括技术提升和创新。然而我们不能进入另一个误区，即只注重供给侧改革，而忽视了促进消费升级带来的发展动力。

从供给侧改革看房地产调控政策的周期性变动

从1998年住房制度改革到2018年的20年中，统计历年房地产调控政策，国家对房地产的调控政策一直处于抑制需求和刺激需求的摇摆之中，可将其总结为三个周期。

第一周期，1998年至2007年，1998年出台住房制度改革，开始刺激消费；到2002年到2007年转变为抑制需求，具体政策包括央行121条、国八条、国六条、央行6次加息、央行二套房政策等。

第二周期，2008年至2011年，受2008年的全球金融危机影响，中国开始刺激消费，包括央行的五次减息和四万亿计划；2009年中期政策掉头，开始抑制需求，针对房地产市场密集出台了国四条、国十一条、新国四条、新国十条，到2011年开始进一步抑制需求，出台新国八条以及三次加息。

第三周期，2012年至2018年，2012年开始进入减息周期，2014年信贷进一步放松，央行六次降息，减免房地产交易税费，降低首付比例；2016年底开始再度抑制需求，限购政策再度收紧，出台限售限购政策，提高贷款利息等措施。

在过往的三个周期内，都经历了先刺激需求，再抑制需求的过程。而房地产及上下游相关行业也随着政策摇摆经历了三起三落。正是由于长期看供给，短期看消费这样的经济规律，在保持供给侧改革的大方向上还需要经常动用刺激消费和增加投资的短期手段。长期供给侧改革总是要经历不同的阵痛期，而短期消费刺激就是长期供给侧改革的镇痛药。一旦供给侧改革进入深水区，调结构去产能有可能会导致经济增长速度的下滑，这时就需要增加投资，刺激消费的短期政策，这就是为什么我国的房地产调控政策有周期性变动的本质原因。那为什么经济增长速度如此重要？为什么不能彻底改革，大力度转变发展方式？

为什么经济增长速度如此重要？

GDP增长率对一个国家的复兴是极为重要的，如果我们对比年均增长率为3%、5%和8%三种情况在发展10年、20年和40年之后的结果，会发现不同的增长率产生的结果有天壤之别。假设三个国家的GDP增长率分别为3%、5%和8%，设置最初GDP均为100个单位，那么一年之后，其经济总量差别也仅仅是103：105：108的区别，看起来差距很小，但在10年内就会产生1.6倍的差距，20年会产生3.3倍的差距，40年甚至会产生6.6倍差距。而在一个国家的复兴中，半个世纪是一个不算长的时间单位，而发展的结果则是差距巨大。这就是为什么中国要保经济增长率的直接原因。在经济增长速度如此重要的情况下，不仅要保障长远的发展成果，促进经济结构的转型，还要顾及眼前的增长率。而消费端升级和供给侧改革两种政策的结合则完美匹配了这种发展思路。

不同经济增长率的发展结果　　表 8-1

经济体最初 GDP 为 100，在不同增长率的情况下 10 年、20 年、40 年结果				
时间	实际增长率	3%	5%	8%
	10年	134	163	216
	20年	209	339	685
	40年	326	704	2172

城市空间的供给侧改革

中国最大的供给侧改革就是城市的供给侧改革

供给侧改革多指产业和经济结构上的调整，而如果将供给侧改革运用到城市空间和土地上的改革，那将意味着什么？城市空间可以分为生产空间、生活空间和生态空间三类，也统称为三生空间。生产空间主要包括了企业用地、商务办公用地和科研教育用地等；生活空间则是居住用地和商业设施用地；生态空间包括了公园绿地、湿地、风景区等。如果将城市空间简单的划分为供给侧空间和需求侧空间，则城市空间的供给侧改革也就更容易理解了。生活空间更多的针对消费，居住用地的出让价格之所以远远高于工业用地，是因为在没有房产税的情况下，居住用地出让属于一次性消费形成的收入。生产空间更多的针对供给，即摆脱一次性消费土地的出让金财政依赖，从供给侧提高生产空间的经济效率，从而形成长期的税收收入。上文中讲到的房地产政策的周期性变动即为需求侧的调整，需求侧的生活空间改善可以在短期内得到较大提升，其主要依靠城市管理者、地产商和运营商的中短期投入，这和刺激需求增加投资即可以带来消费增长是同样的道理。而供给侧改革则涉及城市空间长期竞争力的打造，是需要城市的所有参与者长期努力的结果。因此，城市空间供给侧改革的主要内容是如何形成具有竞争优势的城市空间环境。首先改善生态空间综合软实力，优良的城市的生态空间已经成为吸引人才落户的关键指标之一；其次提升生产空间的核心硬实力，要改变城市在高速增长阶段的粗犷式土地供应方式，配合经济结构的优化和发展方式的转型，提高生产用地的使用效率，提高工业用地的容积率，提高单位土地产值；最后，充分发挥市场的空间资源配置作用，政府减少对土地、劳动、技术、资金、管理等生产要素的供给限制。

“滑雪吊索悖论”与城市循环系统改进

循环系统中的“滑雪吊索悖论”

滑雪场的向上运输吊索和向下的滑雪道组成了一个循环运输系统，在滑雪吊索旁排队等候时，经常听见人们抱怨排队时间过长，吊索应该能走得更快一点。事实上，和人们期望达到的效果相反，滑雪吊索速度越快，人们排队时间越长，这就是“滑雪吊索悖论”。

这是因为坐吊索上升、滑雪向下和排队等候这一循环运输系统的三个环节中，有一些恒定不变的因素存在，使这个循环系统无法提速。坐吊索上升的这个环节中，人们上下吊索椅子的时间不变，即吊索椅子出发的间隔时间不变，如果加快吊索运送的速度，那么吊索上的椅子的间距就会变大，则总的坐在吊索上的人减少了，而单位时间内到达山顶的滑雪者数量是一样的。在滑雪向下这个环节中，人们滑雪下降的速度不变，即滑雪道上的人数不变。如果这个循环系统的总人数是不变的，则等候上吊索的排队人数反而增加了，即那些在吊索上减少的人数都增加到排队中了。

在一个循环系统中，只要有一个环节存在不可改变的因素，那么其他环节的效率提升不仅不会增加整个系统的运行效率，还会带来新的资源浪费。

城市是由一系列循环系统构成的

在地球结构系统中，大自然是一个运行良好的循环系统，这个循环系统包括水循环、大气循环、热循环和生物循环。而城市是由人类发展建设起来的，同时又和自然息息相关，属于半人工循环系统。例如城市水系统中，雨水形成属于自然系统，而雨水降落到城市中再排出的过程，就需要人工排水系统；每天都有大量的物质从自然界输送到城市中，这些物质被消费后产生了大量垃圾，垃圾的收集和处理则是人工环卫系统；石油、天然气等能源从自然界输入到城市，在城市中利用后产生的废气或经过处理或直接排放到空气中，往往会形成空气污染和热岛效应；城市交通系统虽然和自然系统的关联较少，但人们每天的交通路径闭环也形成了一个完整的循环系统。城市可谓是由一系列半自然半人工的循环系统构成的。

城市系统中的“滑雪吊索悖论”

半人工的城市循环系统包含了很多子系统，如果人工系统和自然系统不匹配就会产生各种问题。包括洪涝灾害、交通拥堵、热岛效应、垃圾围城等现象。如果问题解决的关键环节不对，则会出现“滑雪吊索悖论”，使突出问题更加严重。

城市雨水循环系统

自然水循环包含降水、渗水、地表径流、蒸发，是一个运转良好的自然循环系统，而在城市水循环中，大量的水泥地面改变了渗水环境和地表径流，而不得不修建人工排水系统。在城市人工排水系统中，如果关键的低洼地无排水通道，加大周围地区雨水管道的管径不仅不能解决问题，反而会让低洼地区的积水速度更快，一旦暴雨，就会形成雨涝灾害。北京曾发生过多次局部地区雨水淹没的情况，造成了无可挽回的人员伤亡。正是因为城市雨水系统是一个循环系统，必须要解决系统中的关键环节，才能提升整个系统的运行效率。另外，在城市雨水系统中仍需要向自然学习，海绵城市的举措就是模仿自然渗水现象提出的，让雨水渗入地下，而不是全部通过排水管道排出城市，不仅可以缓解人工排水系统的压力，还可以改善城市的生态环境，一举多得的有效举措。

城市交通循环系统

在城市道路系统同样存在着“吊索悖论”，提升单个路段的通行能力并不会减少路口拥堵时间，相反会增加路口的排队时间和下一个狭窄路段的拥堵时间，交通拥堵必须以系统整体的概念来应对分析。在关键环节中，解决拥堵点的通行能力才是解决问题的关键，这些措施包括将道路交叉口从平行交叉改造为立体下穿，减少主通道红绿灯等候时间；增加交叉口的车道渠化管理，提升交叉口通行速度；加宽过窄的路段等，才能提高城市交通循环系统的整体运行效率。

城市能源循环系统

大量的能源从城市外部输入到城市中，包括燃气、石油和电力等。而这些大量外来的能源消耗之后，基本都排放到了城市内部，会造成空气污染、热岛效应等。这个循环系统产生的问题不是关键节点的拥堵，而是整体输入量过大。在滑雪吊索系统中，大量的滑雪者坐吊索上升，但却没有足够多的滑雪道让滑雪者滑下，这是一种典型的输入量过大的系统，如果没有足够空间开辟更多的滑雪道，则必须要控制前来滑雪的人流量。因此在城市能源循环系统中，减少能源的利用是唯一出路。如城市绿色建筑的推广，在中国“十四五”期间将会实现新建建筑100%为绿色建筑；更加严格的机动车排放标准，从2001年的国一标准到2018年国五标准，机动车废气排放越来越严格；新能源车的普及；以及提倡低碳的出行方式，如自行车、步行、乘坐地铁等公共交通。这些措施都可以减少能源的利用，釜底抽薪，从入口环节降低消耗量。

城市物质循环系统

随着人们对物质生活需求的不断提高，越来越多的物质资源从城市外部输入到城市内，但城市垃圾分类回收的体系却远远没有跟上消费水平的提高，城市垃圾围城现象已经成为各个城市严重的问题，即整个循环系统的熵不断加大。在这个循环系统中，人们不断提高输入的品质和数量，忽视了输出再利用的环节，导致整个系统的不可持续性。解决城市物质循环系统的关键是平衡物质输入、物质输出和回收利用三个环节的速度和质量，整个系统才能形成可持续的循环。

在解决城市问题时，要研究问题产生的系统背景，从整个系统中关节环节入手，避免产生“滑雪吊索悖论”，而抓住关节环节，表面问题或许会不疏自通。

从“咖啡法规”到低碳城市

“咖啡法规”名称来自于美国的“CAFE”（企业平均燃料经济性，Corporate Average Fuel Economy）。由于CAFE和咖啡厅一词相同，所以“咖啡法规”开始被使用。中国版“咖啡法规”是指《乘用车企业平均燃料消耗量核算办法》，英文缩写为CAFC，该核算办法中规定了汽车生产企业生产的汽车平均燃料消耗量的上限值，对于不达标的汽车生产企业采用通报批评、停止新车申报、禁止产能扩容投资、加强监管力度、相关标准纳入强制性产品认证规则、不达标车型停产六项惩罚或限制措施。通过严格的管理和强制性措施，有效促进企业的技术研发，提高汽车燃油的效率，减少城市机动交通带来的空气污染。

从“咖啡法规”到低碳城市

从2001年的国一标准开始实施，到2018年开始实施的国五标准，以及将在2020年实施的国六标准，中国版“咖啡法规”的严格执行，促使汽车企业不断提升技术水平，是中国低碳交通重要的一部分。从低碳交通到低碳城市，就需要将严格的“咖啡法规”推广到城市的方方面面。关于“低碳城市”的评价指标有多个版本，包括住房城乡建设部、国家发展改革委、环保部，以及各个城市在编制相关规划的时候也提出了未来低碳城市的指标，在这些指标中基本包括碳排放指标、绿色出行指标、人均GDP能耗指标、污染物减排指标等，但这些指标都是事后评测，并没有事前指导性，并且一般没有强制性。如果从机动车的效率提升到城市的方方面面的提升，从“咖啡法规”出发拓展到城市所有行业的低碳标准，建立全行业覆盖的“咖啡法规”，形成更有利于低碳城市建设的制度保障，淘汰落后产能，促进企业转型升级，进一步倒逼城市经济转型，在未来城市竞争中占的一席之地。

城市中各个行业的“咖啡法规”　　表8-2

行业	低碳标准	标准说明
交通运输业 汽车生产行业	《乘用车企业平均燃料消耗量核算办法》	有工业和信息化部等五部门联合制定，从2001年国一到2018年国五再到2020年国六，排放标准越来越严苛。同时具有强制实施性
建筑业	《绿色建筑评价标准》GB/T 50378	住房城乡建设部制定，由高到低划分为三星、二星和一星。在《国家新型城镇化规划（2014—2020）》中，至2020年，城镇新建建筑中绿色建筑比例达到50%
制造业	《污水综合排放标准》 GB 8978 《大气污染综物合排放标准》 GB 16297 《一般工业固体废物贮存、处置场污染控制标准》GB 18599	污水排放标准按照污水排放去向，规定了69种水污染物最高允许排放浓度及部分行业最高允许排水量；大气污染排放标准规定了33种大气污染物的排放限值；固体废弃物控制标准规定了一般工业固体废物贮存、处置场的选址、设计、运行管理、关闭与封场以及污染控制与监测等要求
物流业	《快递封装用品》 GB/T 16606 《快递业绿色包装指南（试行）》 《关于组织实施城乡高效配送专项行动计划通知》	标准为国家邮政局制定发布，法定效力较弱。规定了行业绿色包装工作的目标，即快递业绿色包装坚持标准化、减量化和可循环的工作目标
批发和零售业	《超市节能规范》SB/T 10520 《超市废弃物处理指南》SB/T 10814 《绿色商场》SB/T 11135	标准为商务部制定的行业标准，法定效力较弱，以技术进步和强化管理为主要手段
住宿和餐饮业	《饮食业油烟排放标准》GB 18483	国家环境保护总局制定，法定效力较弱，规定“排放油烟的饮食业单位必须安装油烟净化设施，并保证操作期间按要求运行”

经济转型与生态陷阱——低碳城市的一体两面

经济转型和生态陷阱是经济发展的一体两面，应尊重市场规律，当生产效益不足以支撑过高的环保要求时，企业会选择搬迁而不是改造生产工艺。过早强调行业高标准环保要求有可能会陷入发展的“生态陷阱”之中。在创建低碳城市时，同样需要注重步步为营，按照环境库兹涅茨曲线的规律[6]，当经济发展到达某个临界点或称“拐点”以后，随着人均收入的进一步增加，环境污染由高趋低，其环境污染的程度逐渐减缓，环境质量逐渐得到改善。因此在中国经济发展过程中，应当协调现有生产力水平和产业转型升级之间的平衡，协调经济发展和环境治理之间的平衡。

以城市雾霾的治理为例，城市雾霾不是道德问题，不是政治问题，是实实在在的经济问题，治理雾霾需要付出很多代价。比如让私家车车主放弃小汽车改乘地铁，估计大多数人并不愿意。让燃煤发电厂改成天然气发电厂，电价估计上涨50%，老百姓一直抱怨CPI高，涨这么多电价，管理者也要考虑是否值得。不同于传统印象中的香港，香港也有雾霾污染，雾霾形成的主要污染物二氧化硫和pm2.5来自三个部分：私家车道路交通、发电厂和港口。给私家车补贴换电动汽车，混合动力汽车和清洁能源汽车，这就涉及市民观念的改变，公民责任才能付诸行动，是一个缓慢发展的过程；发电厂煤改气，电价上涨也会遭到市民抵制；港口货船燃油改革，使用优质柴油会大大提升私人货船运行成本，香港为了保持港口的通货量也不得不忍受这个状况。只有雾霾严重到与经济发展同等重要，市民愿意放弃部分经济利益的时候，才能大刀阔斧的进行改革。中国大陆从2013年开始治理雾霾，因为人们的环境意识开始增强，雾霾成为市民无法忍受的城市问题。发展的问题只能靠发展解决，如果换一种视角来看待治霾问题，治霾也成为特殊时期的特殊行业，增加了大量的就业岗位和经济产出。随着技术和经济的发展，雾霾终究会成为历史进程中的一个小插曲。

注释

【1】 托马斯·库恩，刘海洋. 科学革命的结构［J］. 世界建筑，2018（12）：127.

【2】 MBA智库百科，https: //wiki.mbalib.com/wiki/技术范式转移.

【3】 Mallach A . Facing the Urban Challenge: Reimagining Land Use in America's Distressed Older Cities—The Federal Policy Role［J］. Brookings Institution, 2010:72.

【4】 数据来源：2001年杭州市统计年鉴http://www.hangzhou.gov.cn/col/col805867/index.html.

【5】 数据来源：2018年杭州市统计年鉴http://www.hangzhou.gov.cn/col/col805867/index.html.

【6】 20世纪50年代诺贝尔奖获得者、经济学家库兹涅茨提出，用来分析人均收入水平与分配公平程度之间关系的一种学说。

第九章〈

跨界——跨界融合新时代

从 1933 年的《雅典宪章》至今，城市建设模式并没有发生质的突变

而现代科技已经从电气时代、信息化时代发展到智能时代

未来城市建设和现代科技的结合可以产生出巨大的跨界红利

跨界的美第奇效应

美第奇家族从银行业起家，逐渐获取了意大利佛罗伦萨的政治统治地位，14世纪到17世纪的大部分时间里，他们是佛罗伦萨实际上的统治者。在欧洲文艺复兴期间，美第奇家族曾经资助过在各学科领域中创新的人，包括达·芬奇、米开朗琪罗、伽利略、马萨乔等众多文艺复兴时期伟大的艺术家、哲学家和科学家。在文艺复兴的时代里，雕塑家、科学家、诗人、哲学家、金融家、画家、建筑学家齐聚一堂，他们互相了解，彼此学习，打破学科和文化之间的界限。使得多学科、多领域的交叉思维创造出惊人的成就，开创了人类历史上一个新的时代。后来人们得到启发，把各个领域和学科的通过相互跨界交叉，从而出现的创新发明或发现，称为“美第奇效应”[1]。

欧洲文艺复兴时期，财团和科学家达成一种互相促进效应。现代社会，不同行业的企业之间正在突破领域壁垒，跨界合作形成了全新的企业类型。《美第奇效应》一书中提出了促进当代社会跨界交叉的三大因素，包括全球化的人员流动；科学技术的融合，包括生物化学、分子生物学、互联网金融等；计算机技术的发展。这三大因素在促成了当今的美第奇效应。

如今科技公司和城市设计公司合作，形成了智慧城市孵化器；科技公司和城市政府合作，建立了高效的现代行政体系；工程建设企业和设计公司融合，形成了从设计到施工的一体化工程公司；互联网电商企业深入参与农村农业的开发，打通了从农田到电商平台到物流直达消费客户的新型农业产业链；地产开发商融合了医疗康养建设内容，打造出针对老龄化的医养结合新社区。这些发生在乡村和城市中的跨界互联提高了生产效率，催生了新的产业类型，创造出新的生活方式，这场跨界效应将会产生一个新的“复兴时代”。

科技企业 + 规划院
——Sidewalk Labs 与未来城市实验室

Sidewalk Labs——跨界的智慧城市方案提供商

Sidewalk Labs是Alphabet旗下子公司，是Google的姊妹公司，于2015年创建，专注于智慧城市综合方案的提供商，是第一代智慧城市孵化器。城市包含了方方面面的专业，智慧城市在传统城市基础上融合了更多现代专业技术，因此公司注定是一个多专业协作的新型企业。公司的创建开始就秉持了跨界协作的理念，Sidewalk Labs 团队兼有技术和城市设计双重领域的专业知识，涵盖了经济学家、工程师、城市规划师、设计师、媒体人不同领域的人才。负责人Doctoroff 就是一位跨界人才：传媒巨头“彭博资讯”的总裁，还曾出任纽约市副市长，并跟市长一同组织经济和重建工作。

程序员&规划师

其最重要的专业人员包括程序员和城市规划师，程序员负责智能化城市设施和应用的开发，城市规划师负责城市空间的构建和公众参与协调。程序员习惯于不停试错，总是希望能尽快推出第一代产品，然后不停改进，而规划师则考虑的更加长远，城市设施属于半永久性设施，这使规划师不得不非常谨慎。虽然两者会时常产生冲突，需要进行大量的沟通工作，正是因为能融合两种不同的设计语言，Sidewalk Labs 才变得其与众不同，才能应对智慧城市的挑战。

Sidewalk Labs推出的智慧城市设施和应用[2]

- Coord

该业务的重点是帮助城市基于云平台更好地管理街道上的交通拥堵和停车问题。Coord将提供全面的、标准化的关于美国各城市的收费、停车和路边空间的API数据。Coord团队使用增强现实技术，构建3D地图，不仅能帮助公共和私人参与者更有效和安全地与路边交互，还能提高城市重塑路边空间规章和限制管理的能力。

Coord发布了高度详细的旧金山路边地图，作为供所有人使用的免费数字工具。在数字化城市路边停车位之后，Coord将所有数据压缩成可按日期、车辆类型等进行搜索的地图。例如Curb Explorer工具将为送货司机提供车位信息。同样的情况也适用于寻找理想地点的专车司机等。

- Flow

交通平台产品Flow使用汇总的匿名交通数据来帮助城市管理者识别交通瓶颈，或将火车和公共汽车重定向到急需交通工具的社区。

- Intersection

Intersection由技术与设计咨询公司 Control Group和广告公司 Titan合并重组而成，该公司的第一步是把成千上万台旧式电话亭改造成免费的千兆速 WiFi 亭。

Sidewalk Labs在多伦多的智慧城市实践——Sidewalk Toronto

加拿大多伦多市计划复兴东部滨水区Quayside约800英亩的土地，2017 年 10 月Sidewalk Labs击败了本地和国际其他机构夺标。Quayside将成为Sidewalk Labs打造的第一个智慧城市，并将项目命名为Sidewalk Toronto[3]。Sidewalk Toronto有三层结构。其底层是一个隧道网络，作为城市的基础设施，包括地下垃圾处理站，地下隧道物流系统和各种智能能源设施等；中间层是地面公共领域，承载人车流动和建筑物等设施；最顶层是数字层，结合了一个传感器网络，包括从交通、噪声、空气质量等方面收集数据，并监测电网性能和垃圾收集情况，一个详细的社区地图、模拟软件，以及一个可供公民登录并管理其公共与私人数据的平台。未来这里还将是第一个禁止来自大部分周边地区的非紧急车辆进入，为行人和自行车提供空间。这一举措将会消除路边停车的需求，为人行道和商店释放关键的空间。内部的建筑均采用模块化装配式建筑，降低建设成本和周期。并且，住宅、办公、商场、美术馆将不再按区划分，步行范围内，激发混合型业态，形成高度混合型社区，这将创造更强的城市活力。同时，Sidewalk Labs开发的各种智慧城市设施都会应用在Sidewalk Toronto内。

中国经验——未来城市实验室+数字雄安

2018年，在杭州云栖小镇举办的中国云栖大会上，阿里巴巴和中国城市规划设计研究院联合成立了未来城市实验室，和Google的姊妹公司Sidewalk Labs同样的发展模式，融合程序员和规划师的综合能力，未来实验室团队将融合阿里巴巴强大的技术开发能力和中国城市规划设计研究院优秀的城市规划能力，从数字雄安开始，通过联合攻关、生态共享、网络共建，深度跨界塑造城市技术发展的新模式，为世界未来城市贡献中国原型。雄安新区和多伦多的Sidewalk Toronto一样，也拥有三层结构，包括地下市政系统、地面开放系统和建筑物、地上数字系统，并将同步建设一座数字城市。

多业态混合街区

无私家车的街道

智慧地下物流系统

图9-1 多伦多的智慧城市实践

跨界创新
——六种跨界形式简述

互联网+农业——京东&泗洪镇，荷花村田园综合体

城市进入互联网时代，促进了生产力进一步解放，实现了城市间的互联互通。然而城市和乡村仍然像是处在两个世界中，当乡村也融入互联网平台，不仅会产生新的农业形态，也会连通乡村和城市之间的断带。近期互联网电商平台京东和泗洪县政府达成了战略合作，打造荷花村田园综合体，形成互联网+农业的跨界效应。京东生鲜事业部可以将乡村农产品直接连接到城市消费人群中。同时荷花村项目和京东的合作扩展到各个方面，包括京东金融的贷款支持，京东物流的物资支持，京东Y事业部的有机农产品溯源技术支持，京东旅行也为田园综合体的乡村旅游发展提供了全方位的服务。互联网+乡村可以建立从绿色产品到休闲旅游的全路径合作，衍生出远超出传统农业生产的综合效益。

地产+农庄——保利—途远共享农庄

保利发展和斯维登集团旗下“途远”合作，探

索“保利—途远共享农庄”模式，在不改变土地所有权的前提下，利用闲置农宅院落、闲置土地及“四荒地”，对农庄产品和农庄整体进行设计规划，用途远装配式建筑打造现代农家院落，整合农副产品、住宿、餐饮等旅游服务业，由斯维登集团团队提供或指导专业运营服务。

地产+医疗养老——绿城乌镇雅园，医养结合

中国正在快速进入老龄化社会，养老和老年医疗成为相伴产生的老龄化问题，地产商联合大健康企业推出医养结合的养老地产模式，正是契合了这种社会需求。绿城推出的乌镇雅园正是养老地产的代表产品，集养生居住区、颐乐学院、养老示范区、医疗公园、特色商业区和度假酒店区六大板块于一体，成为养老社区的中国蓝本。

银行+长租住房——CCB“建融公寓”

住房长租市场在中国处在刚刚起步的阶段，传统的房地产商往往需要开发资金的快速周转，在资金周转较慢的租房市场并不占优势。而银行则可以利用自身的资金优势发展长租市场业务，建设银行推出了“建融公寓”这一长租品牌，一是直接和房地产企业合作建立长租公寓，二是通过收储民间闲置房产来提供长租公寓。提出“要租房，到建行”，“长租即长住，长住即安家”的品牌口号。当然很多房地产商已经脱离了单纯的地产开发定位，也在积极布局长租市场例如碧桂园提出“长租城市”的战略，万科推出的“泊寓”租房品牌。

设计公司+建设集团——FOSUN&AECOM，上下游设计施工一体化

设计公司AECOM和星景控股签署战略合作协议，并在中国境内成立合资公司，专注于TOD（Transit-Oriented Development）公共交通导向的项目开发，包括轨道交通沿线站点、市政综合体等项目的总体策划、规划、设计和开发建设[4]。国内的城市轨道交通进入了高速发展期，全国已有超过四十个城市在建或者获批兴建城市轨道。在国内轨道交通沿线土地开发过程中积极引入TOD的开发理念，将利于实现绿色、低碳、宜居、智能的城镇建设与发展目标。AECOM与复星联手，将形成优势互补，一起打造高水平的工程项目，助力城市的可持续发展与运营。

科技企业+城市建设——阿里云城市大脑

从1933年的《雅典宪章》至今，城市建设模式并没有发生质的突变，而现代科技已经从电气时代、信息化时代发展到当今的智能时代。因此城市建设和现代科技相结合可以产生出巨大的跨界红利，阿里云推出的城市大脑就是应对城市智能化发展的跨界产品，在杭州主城区，视频巡检替代人工巡检，日报警量多达500次，识别准确率92%以上；中河—上塘路高架车辆道路通行时间缩短15.3%；莫干山路部分路段缩短8.5%。在杭州萧山区，信号灯自动配时路段的平均道路通行速度提升15%；平均通行时间缩短3分钟；应急车辆到达时间节省50%，救援时间缩短7分钟上；两客一危也得到精准把控。在苏州，试点线路公交出行人数增长17%[5]。

注释

【1】 美第奇效应，https: //wiki.mbalib.com/wiki.

【2】 资料来源：Sidewalk官网，https: //www.sidewalklabs.com.

【3】 资料来源：Sidewal.Toronto官网，https: //sidewalktoronto.ca.

【4】 资料来源：AECOM微信公众号，https: //mp.weixin.qq.com/s/MBi15tX0G5z0T0d5I55JQA.

【5】 数据来源：阿里云官网，https: //et.aliyun.com/brain/city.

第十章〈

启示——可证伪的才是科学的

优秀的城市营造与复杂的数据统计、功能性问题的解决
或其他任何具体的决策过程之间无必然的联系

相反，成功的城市源于对更易于理解的人类价值和原则的倡导
而这些价值与原则重视环境与设计中有形和无形的可持续性
体现了人类对卓越的不断追求

——《21世纪城市设计的九项原则》

可证伪的才是科学的
——城市规划的“科学”证伪之路与“非科学”成功经验

城市规划和数学、物理学等理学学科不一样，没有严谨的公式和实验数据，更类似于社会学和心理学等社会学科，更多的是总结的经验和多种学说的合集。城市规划是关于城市规律的学科，城市建设关乎百年大计，指导城市建设的城市规划是否经得起反复拷问？城市规划是否只是一门经验主义的合集，是否只是多个自洽理论的结合体？

波普尔的证伪主义理论——可证伪的才是科学的

在波普尔之前，人们只要通过观察、分析、概括、总结的理论都是科学理论，世界上有非常多的知识和理论，包括数学、物理学、工程学等理学；也包括小说、绘画、音乐等艺术学科；还有经济学、政治学、心理学、宗教文化等。在这些众多的知识往往都构建了自洽的理论体系，然而自洽和科学的区分是什么？20世纪的哲学家波普尔（Karl Popper）提出了证伪主义理论。他的证伪理论为科学理论和非科学理论划分了一条清晰的界限，这也是波普尔最大的哲学贡献。

理论自洽还不够——能解释任何事情的理论等于什么都解释不了

波普尔年轻的时候在著名的精神分析师阿尔弗雷德·阿德勒（Alfred Adler）的问题儿童诊所里工作，一天他遇到一个问题儿童的症状很奇怪，便咨询的他的老师阿尔弗雷德·阿德勒，阿德勒博士就用他惯用的精神分析法中的心理动力论：本我、自我和超我来对案例进行分析，问题儿童在三种“我”之间产生了冲突，所以才出现问题。年轻的波普尔事后越想越不服气，因为任何儿童的精神问题都可以用这一套“自洽”的理论来解释，这种理论能把所有的案例都归纳到自己的体系当中，不断的积累证实自己的经验。永远不会出错的理论不是因为理论是正确的，而是因为理论置入了一套“自洽”机制，如果任何理论都置入“自洽”机制，难道所有理论都是正确的？如果一套理论可以解释任何现象，看起来是理论的长处，其实是理论的短处，能解释任何事情的理论恰恰什么都解释不了。

可证伪的才是科学的

波普尔对阿德勒的精神分析法和爱因斯坦的相对论同样感兴趣，到1915年，爱因斯坦发表广义相对论，相对论和精神分析法一样，也仅仅是一套“自洽”的理论，相对论大部分内容都是爱因斯坦通过“思想实验”得出的，那如何才能证实自己是科学的呢？相对论提出了证伪自己理论的窗口，而精神分析法却没有。相对论提出，光线遇到质量很大的物体时，光线将不再是直线而是会产生弯曲，而发生日全食时就能观测到这种现象，如果日全食发生时，这种现象没有出现，则会否定自己“自洽”的理论，科学追求的是可证伪的机会，而非科学则不会打开这种证伪窗口，或者没有可证伪的条件。到1919年5月29日，广义相对论提出之后的首次日全食证明了理论的预测是正确的。当一种理论陈述的越具体，越精准，就越可能出错，同时可证伪的可能性也就越大，这才是科学的特征。

城市规划的证伪之路——已知领域的“科学”

城市建设从属于物质空间的建设，应该从理性的科学主义出发来构建城市规划理论。而城市规划理论是“科学”的还是仅仅“自洽”的?

城市规划学科是可证伪的，城市规划提出了各种可验证的假说，比如说工业区位于生活区上风向就会导致空气污染；城市的非限制蔓延会导致部分城市中心区的衰败；严格的功能分区会导致钟摆性交通拥堵等。城市规划学科的发展本身即不断“证伪”之路，不停地解决问题，提出修正理论，产生新的问题，再修正理论的过程。因此城市规划是不断地总结失败的经验产生的理论，虽然缺少了对那些正在经历和未经历的失败的总结，不能提供关于未来城市准确的预测，但不妨碍城市规划在已知领域成为一门“科学”。

城市规划学科反思大事年录

- **田园城市，1898年——对初代大都市的证伪**

田园城市诞生于霍华德发表的《明日：一条通向真正改革的和平道路》，对现代大都市中的城市病和乡村的衰落进行反思，都市的问题包括远离自然、群众相互隔离、远距离上班、高地租、高物价、超时劳动、事业大军、烟雾和缺水、排水昂贵、空气污染、天空朦胧、贫民窟等；乡村的问题包括缺乏社会性、工作不足、土地闲置、提防非法入侵、工资低、缺乏排水设施、缺乏娱乐、没有集体精神、村庄荒芜。田园城市理论它结合了田园和城市的优点，避免了二者的缺点。

把一切最生动活泼的城市生活的优点和美丽、愉快的乡村环境和谐综合在一起：自然美、社会机遇、接近田野和公园、地租低、工资高。虽然其田园城市产生了新的问题，但这并不妨碍其对原有问题的思考的理性。

● **《雅典宪章》（《城市规划大纲》），1933年——对工业城市的证伪**

国际现代建筑协会（CIAM）第4次会议通过了关于城市规划理论和方法的纲领性文件——《城市规划大纲》，后来被称作《雅典宪章》。针对城市中居住区人口密度过大、缺乏空地及绿化；日照不足；公共设施太少而且分布不合理；工作地点在城市中无计划的布置；城市道路宽度不够等问题。总结了传统城市在应对工业化中产生的城市建设滞后现象，提出了城市功能分区和以人为本的思想，集中反映了“现代建筑学派”的观点，是严格意义上现代城市理论的开端。

● **有机疏散，1942年——对大都市病的证伪**

芬兰学者埃列尔·萨里宁（Eliel Saarinen）《城市：它的发展、衰败和未来》中提出了有机疏散理论，在20世纪初期针对大城市过分膨胀所带来的各种弊病，包括重工业和轻工业位于城市核心区；过度拥挤的城市中心区居住环境；城市机能组织不善导致的往返交通耗费。其提倡将工业搬迁至郊区，城市中心区留出更多绿地和公共空间；疏解城市核心区密集的人口到新城区；建设快速交通干道和步行化街区相融合的交通措施；大型场馆分散布置等措施。形成了有机疏散的城市结构，有利于城市功能空间的有序组织。

● **《马丘比丘宪章》，1977年——对现代主义城市的证伪**

1977年，国际建协在秘鲁的利马（LIMA）以雅典宪章为出发点进行了讨论，在马丘比丘山的古文化遗址签署了《马丘比丘宪章》，对现代城市建设中出现的新问题进行了修正并提出了新的发展理念，包括严格的功能分区导致的钟摆交通拥堵；城市部分地区的活力下降；街区过大导致的尺度失衡；城市快速道路形成的城市切割等。提出城市文化在城市中的重要地位，将人、社会、城市有机的联系在一起。

- **《新都市主义宪章》，1996年——对郊区蔓延的证伪**

新城市主义主要针对美国的城市郊区无限蔓延带来的城市问题，这些问题包括郊区蔓延侵蚀农田土地；长距离汽车交通造成空气污染；步行空间被压缩；旧城核心区衰败。《新都市主义宪章》的提出正是基于这些问题的解决方案，新的宪章准则包括：强调可持续的社区、旧城更新、新城适度的紧凑发展、TOD交通模式、资源节约利用，建筑功能混合及适当高密度等。

城市规划的“非科学”成功经验

人类本身即理性和感性的混合体，人类需要理性的科学来促进生产发展，也需要感性的非科学记录人类的情感，这些非科学包括宗教、文学、心理学等。城市不仅仅是物质空间，也是城市中生活的每一个人的共同体，因此城市规划也有很多不属于科学问题的讨论，比如城市环境对心理感受的影响、城市美学、城市公平、城市繁荣等。这些问题的讨论虽然不能得出明确的答案，但其关注城市空间中人的感受，从关注物质空间到关注空间中人的心理需求。在确保城市空间科学性的基础之上，让那些“非科学”的空间感受更加人性化，是城市规划学科的进步体现，而非“伪科学”的例证。

城市成功经验

- 《Global Street Design Guide》（**全球街道设计导则**）

导则总结了全球29个城市的健康街道特征，并提出更安全，便捷，可持续的道路设计。

● 《What makes urbandistricts thrive》(**城市因何而繁荣**)

RTKL公司针对美国的50座公认的成功城市进行分类研究，就居住密度、区域核心、平均建筑高度、街区规模、可达性和可视性、交通模式、城市核心用地、邻里开放空间和设施、就业机会、种族多样性、年龄多样化、商业和办公楼地租、住宅价格和租金、房屋空置率和社交媒体链接十五项内容进行研究，并依据环境，社会以及经济三项进行分类，依靠大数据手段挖掘城市成功的秘诀。

● **《城市的远见》**

台湾PTS电视台的城市纪录片，总结了全球十三个不同特征城市建设的成功经验，提倡城市发展的远见思维。这些城市包括巴塞罗那经验、浴火凤凰神户、花园城市·新加坡、上海巨人的脚步、京都心灵的故乡、打造世界之都·巴黎、古川町物语、跨越历史的围墙柏林、鲁尔工业区的蜕变、震起的希望·九二一重建区、爱河之于高雄、宜兰经验。

● **《城市营造：21世纪城市设计的九项原则》**

SOM事务所基于长期的城市设计从业经验总结的设计原则，这些原则包括：可持续性、可达性、多样性、开放空间、兼容性、激励政策、适应性、较高的开发强度、识别性。

● **《环球TOP100：世界最美的100座城市》**

虽然只是一本旅游用书，但也总结城市之所以成功的做法和经验。

● **《街道的美学》**

日本城市学者芦原义信提出的关于城市街道成功的准则，并研究了多个城市街道的关键因素，这些城市包括澳大利亚帕丁顿与京都、意大利奇斯台尼诺与爱琴海希腊诸岛、波斯街道——伊朗伊斯法罕、昌迪加尔与巴西利亚。

虽然我们不能一开始就创造一个完美的城市，但城市伊甸园从来不是新建的，而是将已经存在的城市一步步完善，实时更新，不断修正形成的。同时还可以向成功的经验学习，凝聚更美好的共识。城市规划的“科学”证伪思想和“非科学”成功经验共同缔造未来完美的城市栖居家园。在此引用《21世纪城市设计的九项原则》中的一段话：“优秀的城市营造与复杂的数据统计、功能性问题的解决或其他任何具体的决策过程之间无必然的联系。相反，成功的城市源于对更易于理解的人类价值和原则的倡导。而这些价值与原则重视环境与设计中有形和无形的可持续性，体现了人类对卓越的不断追求。”

田园城市“三磁铁”吸引理论成败的启示
——理论“自洽”与现实逻辑

《明日的田园城市》不只是讲空间组织的城市学术书，而是更加注重社会改革，为人民利益发声的倡言书。从第一版的书名《明日：一条通向真正改革的和平道路》可以看出，作者认为城市空间是社会组织的体现，只有进行的社会改革，城市结构才会发生根本改变。每一本书都有一个时代背景，在作者自序里面，提到1891年《泰晤士报》的文章：“伦敦的人口在持续的增加，其中有60%的人口来自农业地区，导致许多农舍破败不堪，农村地区许多人身体虚弱，无力承担健康人的工作，若不采取某些措施来改善农业劳动者的处境，人口还将持续外流，将来结局如何，无法断言。”可以肯定作者当时所处的英国社会，正是农业劳动者持续迁入城市，农村荒芜，城市环境持续恶化，提出乡村和城市问题的解决方案是当时的双重任务，霍华德没有直接面对两者问题，而是提出了第三种出路：“Town-Country”，这就是著名的三磁铁的理论来源。

本节仅从城市经济学的角度讨论其中“三磁铁”吸引理论的成败。以古鉴今，分析研究田园城市理论对现代城市的规划建设有重要的启示作用，当我们在规划一个城市或一个新区的时候，简单的SWOT

分析会让规划实施受到现实问题的挑战，全面考虑经济规模、人口聚集、生态环境等各方面因素才能让规划符合现实逻辑。

田园城市实践

第一田园城市有限公司打造的田园城市莱奇沃斯，由“田园城市”规划师雷蒙特·昂温（Raymond Unwin）和贝利·帕克（Barry Parker）规划设计，莱奇沃斯距离伦敦约55公里，从1914年建成距今，经过100多年的发展，才达到规划人口3.3万的人口规模，而在过去100年间，伦敦的城市人口从20世纪初的660万增加到如今的765万。世界上除了少数几个实验田园城市之外，没有其他城市是按照田园城市经验和规模来建设的。经过足够长的时间沉淀，终于可以对历史进行回顾总结：田园城市并不是适合人类居住的完美城市形态，而伦敦、纽约、东京等为代表的大城市才是人类居住的现实之所。

田园城市为什么没有在全球开展？需要从田园城市磁铁理论进行分析。

三个磁铁理论

三个磁铁的示意图如图10-1所示。

中心部分，人们何去何从？

左边城市（Town）磁铁：

优点：社会机遇，娱乐场所，高工资，就业机会，街道照明良好，豪华酒店，宏伟大厦。

缺点：远离自然，群众相互隔离，远距离上班，高地租，高物价，超时劳动，事业大军，烟雾和缺水，排水昂贵，空气污染，天空朦胧，贫民窟。

右边乡村（Country）磁铁：

优点：自然美、地租低、树木、草地、森林、空气清新、水源充足、阳光明媚。

缺点：缺乏社会性、工作不足、土地闲置、提防非法入侵、工资低、缺乏排水设施、缺乏娱乐、没有集体精神、村庄荒芜。

田园城市（Town–Country）的磁铁：自然美、社会机遇、接近田野和公园、地租低、工资高。

把一切最生动活泼的城市生活的优点和美丽、愉快的乡村环境和谐综合在一起，即田园城市，它结合了田园和城市的优点，避免了二者的缺点。

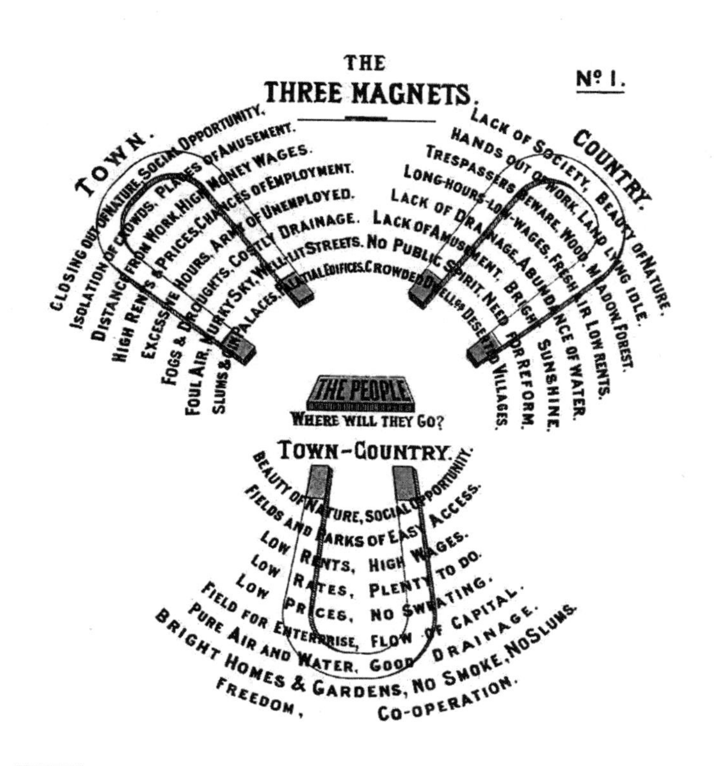

图 10-1 田园城市三磁铁理论

为什么理论完美的“田园城市”的磁铁未能比城市磁铁更有吸引力？

田园城市磁铁中的田园优点虽然得到了较好的发挥，但是其中的城市优点均未实现。通俗来说，田园城市只有田园，没有城市。

田园城市磁铁吸引力与城市规模

在田园城市理论中，田园城市能创造充足的社会机遇，高工资以及低价格住宅。然而事实上这些优势基本上都成为空谈，其忽略了“田园城市”的产业发展和规模经济之间的矛盾。田园城市群包含一个中心城市和六个组团城市，模型的理想半径为9公里左右，面积约为264平方公里，其中城市建设用地约为30平方公里，占总建设用地的1/9左右，其余8/9均为农田和区域交通设施等用地。“田园城市”人口规模与合理的经济规模产生了南辕北辙的矛盾，单个田园城市人口规模在3万到6万之间，田园城市群的规划居住人口也仅25万。以莱奇沃斯为例，其城市规模仅为3.3万人，田园城市未能如愿的达到规划目标——既有乡村的优越性，又有城市的吸引力。它没有足够的就业机会，也没有大城市所具有的生活吸引力。而经济的规模效应导致了人口规模和经济规模尽可能的集中，一个世界金融城市所需要的人口基数甚至在1000万人以上，才足以支撑其在全球的竞争。

规模经济包括部门规模经济、城市规模经济和企业规模经济。企业规模经济是最容易理解的一类，是指通过扩大生产规模而引起经济效益增加的现象。规模经济反映的是生产要素的集中程度同经济效益之间的关系。规模经济的优越性在于：随着产量的增加，长期平均总成本下降的特性。规模经济不仅可以用在一个企业上，因为规模外部经济可以扩展到整个行业，指整个行业（生产部门）规模变化而使个别经济实体的收益增加。如：行业规模扩大后，可降低整个行业内各公司、企业的生产成本，使之获得相应收益。而规模外部经济进一步扩展，可以延伸到整个城市的方方面面。城市规模经济是指在一定城市人口规模下，由于外部性等原因所出现的在既定产出规模时的单位产出的成本下降的情况，它只在一定范围内的城市规模水平上出现。

城市规模经济的具体表现可以从居民个人、企业和城市三个层面分析。从个人的角度分析，城市规模效益主要表现在居民货币收入和公共设施的便利两个方面。从企业的角度分析，相应的城市规模效益的主要内容来自生产效率和市场容量两方面。从整个城市的角度来看，城市规模的效益表现为城市化经济。因此在一定程度上规模较大的城市能给居民、企业和城市都带来优势。而亚当·斯密在1773年完成的《国富论》中即提出了规模经济相关理论，其比霍华德于1898年发表的《明日：一条通向真正改革的和平道路》提出田园城市理论早了125年，为何其田园城市理论未参考规模经济理论，从而提出合理的城市人口规模?

并不是田园城市理论未考虑规模经济效应，而是其理论未考虑到时代的发展，尤其是20世纪的科技发展给城市和企业带来的巨大变化，规模经济会随着科技水平的提升而不断增长。所有经济活动的规模都在增长，企业家追求利益最大化，当企业增长未达到规模经济之前，其体量会不断膨胀，在未来科技和人工智能加持下，企业管理成本的下降，管理效率的提高，人和人之间沟通的便捷性增加，企业规模和城市规模会进一步扩张，目前苹果和亚马逊的市值已经超过一万亿美元，未来有可能会出现超过十万亿美元甚至百万亿美元的超级企业。在这种情况下田园城市畅想的城市规模和社区规模都无法适应时代的发展。

从人口数据上分析，田园城市提出的3万人口只能支撑起社区级的公共服务设施，而无法拥有更丰富多彩的城市级公共设施。按照现代城市商业规模估算，商业综合体建筑面积约为1平方米/人，因此要建设一个30万平方米的城市综合体，最少需要周边30万居住人口的支撑；一座专业的影剧院面积一般在3万平方米到10万平方米之间，按照上海2017年人均影剧院面积0.03平方米计算[1]，支撑一座专业的影剧院的人口规模最少为100万；而一座国际机场或者高铁站需要的人口支撑规模则更大，因此城市活力的首要因素就是规模集聚，只有一定的规模才能产生足够的活力，而一旦城市规模未能达到临界值，城市的部分功能只能依靠周边大城市补充，而城市本身也会沦为大城市的卫星城。

城市竞争的比较优势

全球化以来，每一个城市都已经成为全球城市网络中的一个节点，没有城市能独自发展，产业和人口的流动性增强，城市之间的竞争变得更加激烈，当企业和居民在选择城市的时候，那些比较优势突出的城市总会获得更多的居民和企业。面对城市的竞争，田园城市难以持续发展。“田园城市”规划理论产生于一战之前，而在第一次世界大战和第二次世界大战之后，全球浪潮和科技爆炸催生了更多的“世界城市”，城市发展进入的一个全新的时代，真正的竞争来自于城市之间的竞争，而不是国家或区域层面的竞争。因此一个强大的城市，一个足够活力的城市，一个具有创新精神的城市需要更多的交流发生，更多的资金流、信息流和人们的互动来支撑，需要足够的规模来支撑，才能在全球竞争的环境中占得一席之地。

新田园城市

田园城市该遗弃的和应执着的

《明日的田园城市》无疑这是一本伟大的著作，其理论的光辉到现在也不过时，但是我们需要对书中提出的理论和数据进行更新，应该清楚地明白哪些是该放弃的，哪些是该执着坚持的。上面通篇在分析田园城市的规模成为其根本限制因素，其次在空地上建造新城的做法也值得商榷，这些是田园城市理论在指导当代城市发展的时候该放弃的。而田园城市中关于城市理想的探索，包括与自然的接触、空气清新、阳光明媚、充分的社会交往，多样化的社会机遇都是未来城市需要继续追求的目标，也是目前大城市病突出的一些方面，身在大城市中与自然接触的机会越来越少，时时处在各种噪声的裹挟之中，严重的空气污染等，现代大都市在遗弃了该遗弃的之后，并没有执着应执着的。

伊甸园从来不是新建的

在田园城市的理论中，田园城市起源于购买一块面积足够的田园，在其上面修建道路、市政设施、住宅、工厂等，正像罗马不是一天建成的，伊甸园也不是一蹴而就的，城市所有的空间环境，社会环境，经济环境也不是从头来过就可以做到完美的，历史上有太多的伊甸园理想实践，无一不是以失败告终。自上而下的规划只能创造良好的物质环境，而无法创造有实力的经济环境和和谐的社会环境。与其重新打造一个伊甸园，不如对已有的城市进行更新改造，让城市一步一步趋近完善。

新田园城市五要素

我们正处在时代的剧烈变革之中，出行革命、远程办公、智能制造等都在改变着城市的空间格局。要打造符合时代，适应未来的新田园城市，需要坚持人类最根本的需求，充分考虑经济学因素，结合科技发展趋势，融入世界城市体系，正是基于此提出新田园城市的五要素：

1. 坚持营造与大自然接触的美好的环境；
2. 对已有城市进行改造而不是新建一个城市；
3. 充分融入全球竞争而不是世外桃源；
4. 足够城市规模创造城市活力；
5. 拥抱智慧时代的未来城市。

职住平衡与管不住的“脚”
——集体行动的逻辑

如果分析问题流于表面，会导致问题应对的方案治表不治里，如何深刻的分析问题，做出有内涵的思考和应对方案是我们学习进阶的必经阶段，本节将带你掘地三尺，穿过层层迷雾分析问题的本质。

以我们最常见的城市交通拥堵来说，高德地图公司提供的2015年全国36个大城市的交通运行数据分析显示，全国36个大城市平均通勤时间为39.1分钟，北京和上海的通勤时间达到50分钟以上，超过40分钟以上的有十四个城市。2017年2月13日，腾讯与企鹅智库联合发布的《城市出行半径大数据报告》指出，北京市工作日平均出行半径为9.3公里，北京市有5%的居民工作日出行半径大于25公里，其中最远的工作日出行半径可达40公里以上，上海市工作日平均出行半径为8公里，上海市有3.2%的人工作日出行半径大于25公里，广州工作日出行半径为6.5公里。以北京的平均通勤距离和方形城市为分析模型，现状平均职住分布的面积达到350平方公里。按照人均100平方米建设用地计算，职住现状内居住了350万人，已经远远超出了Edward Glaeser在《城市的胜利》中提出的100万人口支撑城市单核心的规模。

流于表面——从问题看问题

面对城市交通拥堵这种问题，最常见的思考方式是城市的道路系统出了问题，通过加密路网，拓宽道路的改进措施后，发现交通拥堵依然没有解决，而是随着城市发展的越来越大，交通越来越堵。诱导需求理论已经表明，当人们有更多可行驶的路线时，他们更加不会选择搭乘公共交通或是骑自行车，而是继续选择私家车出行，从而导致车辆的增长总是高于道路的增长；按照经济学的供需关系分析，城市道路属于公共产品，具有非排他性和非竞争性，同时当经济处于快速增长时期，供给往往赶不上需求的增长，因此增加的道路供给会导致更多的小汽车交通需求，形成供给一直低于需求的状态，产生供需失衡式的交通拥堵。从另一个角度分析，城市提供的道路通行能力要低于早晚高峰时交通通行需求，这是因为如果按照早晚高峰的流量来设计我们的道路系统，会造成在非高峰时间段道路空间的闲置，从而产生土地资源的浪费。因此城市道路设计采取了折中方案，即按照高峰流量折减系数建造道路体系，形成了日常性交通拥堵。提倡公共交通和限制小汽车是一种解决方案，新加坡和欧洲很多城市提出的城市核心区收取拥堵费就是典型应对手段。

深入结构——从全局看问题

如果我们进一步思考，除了在交通系统本身提出解决措施以外，还有没有其他的解决方案呢？城市规划师们提出了多组团的城市结构，希望借此达到各个组团的职住平衡，人们在自己工作地址的附近居住，从而在根本上降低出行量，在规划师假设的理想状态下，这是一种釜底抽薪式的完美解决方案。而从经济学上思考，城市的核心需要足够的城市规模的支撑，在达到规模经济和规模不经济的临界值之前，单中心是最有效率的城市组织模式。Edward Glaeser在《城市的胜利》一书中指出，城市人口在100万以内，单中心是最高效的城市结构。那是否控制城市规模也可以解决交通拥堵问题？霍华德提出的田园城市即一种理想主义的解决方式，这是对超大城市的一种驳斥，提出从根本上解决大城市病，事实上，田园城市理论自1903年提出以来的100多年的时间里并没有在现实城市中推广应用，城市发展的内在规律并非一种理论可以左右的，现在看来现实又一次击败了城市学者的理论构架。

城市中大多数活动都可以用经济学理论来解释，例如城市由于地租差异导致城市形成圈层的空间形态，城市核心区CBD拥有大量的金融机构和企业总部，同时也是城市租金最贵的区域，职工往往选择租金更便宜的郊区居住，因此租差理论必然会导致钟摆性交通。而多中心城市模式也会受到规模经济的限制。

现代城市越来越大，从居住人口500万至一千万的特大城市到一千万人口以上的超大城市，再到多个大型城市组成的城市群，这些超大规模城市带来的繁华斑斓的城市生活和成功机遇正在吸引着每一个憧憬未来的年轻人往大城市迁徙。而这些巨型城市也足以支撑起多个城市核心，分区的职住平衡成为城市规划的原则之一。而事实上，越来越堵的大城市为什么没有达到职住平衡，这里面一定有什么更本质的内在规律存在，如果我们放弃机械式的静态思维模式，不再把城市看作一个个街区和建筑构成的拼图，而是从系统视角出发，那么包罗万千的城市背后或许仍有规律可循。到这一步我们可能有机会接近迷雾的边缘，开始看到朦胧的曙光。

掘地三尺——穿过层层迷雾分析问题的本质

空间规划上的职住平衡往往缺少了城市复杂性的考虑，城市的出行是由一个个具体的个人组成的，本书在第五章“发展：为什么非城市规划不可——自由市场的失效与集体行动的谬误”一节中，曾提到个体理性选择导致的集体非理性，每个人的职住选择是一个多要素综合的结果，是一个用脚投票并不断变化的过程，和城市规划中自上而下的职住平衡规划存在着巨大的误差，本节将从已有的经典理论基础上出发来解释职住平衡和用脚投票的博弈过程，以及如何达到真正意义上的职住最优结果。

概念延伸

用脚投票——个体理性

职住分离——个体理性导致的集体非理性

职住现状——纳什均衡（非合作博弈均衡）

职住平衡——帕累托最优（集体最优）

本小节将从几个概念一步步进行推演，首先从个体的用脚投票开始，即个体家庭选择的理性的居住地址，下一步解释为什么个体理性会导致集体非理性，即产生实际上的职住分离情况严重。然后分析职住现状基本是一个纳什均衡的状态，即个体选择的非合作博弈均衡；进一步将阐述如何通过帕累托改进一步步达到帕累托最优的状态，即职住最优。而最终的完美的职住平衡状态只是一个永远无法达到的理想状态，而帕累托最优才是我们追求的可实现的最终目标。

用脚投票——个体理性

个体理性是指个人做出的使自己效用最大化的行为，在居住地址和办公地址的选择上，个体在综合考虑通勤时间长短、购房或租房的经济支出、子女教育、居住环境以及个性偏好等因素后做出的理性个人行为，这是一个用脚投票的过程。

职住分离——个体理性与集体非理性

前文已经阐述了大城市的职住分离问题，这是因为个体理性选择往往和上帝视角规划好的职住平衡分区形成了较大的错位，即个体理性选择导致的集体非理性结果。美国马里兰大学教授奥尔森在其著作《集体行动的逻辑》中明确阐述了一个问题：为什么个人的理性行为往往无法产生集体或社会的理性结果？他提出了著名的“奥尔森困境”，即：一个集团成员越多，从而以相同的比例正确地分摊关于集体物品的收益与成本的可能性越小，搭便车的可能性越大，因此离预期中最优化水平就越远。大集团比小集团更难于为集体利益采取行动。

将一个城市的理想职住平衡作为一个最优水平，“奥尔森困境”得出的结果是：“城市越大，职住平衡的偏差就越大。”

职住现状——纳什均衡（非合作博弈均衡）

几乎在任何情况下，人们的行为都会收敛到一个纳什均衡（Friedman，1953；Young，1993；Vega-Redondo，1996）。我们生活的大城市的职住分布的现实状态也是一个纳什均衡，如果你看过第74届奥斯卡最佳影片《美丽心灵》，里面的男主角扮演的就是约翰·福布斯·纳什，纳什均衡也叫非合作博弈均衡，纳什均衡表达了一种相对稳定的集体状态，给定其他人的行为，每个人所选择的行为最大化了自己的效用。首先我们的职住选择的过程都是基于独立性的个人自由选择，体现了用脚投票的个体理性，即与他人具有非合作性；其次，职住选择的结果是与他人的博弈结果，即形成了住宅或写字楼的热门地段或较少人选择的冷门区域。每一个人的选择形成了整个城市居民选择的组合集，而这种组合集是一个非合作博弈均衡的状态。需要指出的是，纳什均衡是每个人职住选择策略的集合，而这个策略集合往往不是策略的最优组合，这也解释了大城市职住分离的现实状态其实是所有城市居民一个个具体选择的必然结果。

职住最优——帕累托最优（集体最优）

职住最优，即每个人的住宅位置和工作位置距离已经达到个人的最佳选择，这样每个个体选择的集合就是职住最优。

这种最优状态我们称之为帕累托最优，即在不损害其他人利益的前提下，每个人都通过改进自己的选择达到了最好状态，这种过程我们称之为帕累托改进，其结果为帕累托最优，或者我们从反向来解释，若仍有一人可以改进自己的选择而不损坏其他人的利益，则此时没有达到帕累托最优。

帕累托改进为我们的职住平衡状态提供了理论基础，即政府应该积极提供能促使帕累托改进的有利政策，而不仅仅是在空间上控制职住比例的平衡。

这种促进帕累托改进的政策应该包括降低改进的成本，提高改进的奖励两个方面。降低改进的成本主要指将住房交易和置换的成本，从而使人们进行住宅置换的可行性提升，而通过改革教育政策，通过更加公平的教育资源分配，也可以减少为了更好的子女教育增加的交通出行；其次提高改进的奖励，可以参考部分欧洲国家的做法，例如职住在同一个区域的住房贷款可以享受税收抵扣优惠等措施。当然这些政策还涉及更大的方面，例如城市经济发展，房地产行业发展，教育制度改革等方面，那将是更加复杂和系统的改进，因此本节讨论也存在着其局限性。

本节研究问题的目的并非是要寻找一个明确的答案，而是通过层层递进的思考方式，达到对事物的现象和本质有更加清晰和深刻剖析的方法。

城市理论应用
——模式设计

中国从1978的中央城市工作会议到2018年经历了城市快速发展的40年，城市设计哲学也经历了40年的演变，其中城市设计从崭露头角到大放异彩，最后进入到人文与科学相结合的哲学维度，其间过程可谓精彩，同时反思40年的城市设计哲学变迁，以史为鉴，用更好的城市设计哲学创造更好的城市生活。将城市设计哲学分为三种，分别对应着形而上学之美学逻辑哲学观中的“形象设计”，经验归纳哲学观中的“概念设计”和后现代哲学观的“模式设计”。对不同阶段的城市设计观念进行了总结，各种观念无绝对的高下雅俗之分，而是通过对之间差别的分析，让城市设计从业者和城市规划管理者理解什么的“好的”设计，而不仅仅的“好看的”设计。

中国改革开放40年的城市设计哲学史

科学的哲学发展阶段

西方科学的哲学发展大致经历了三个阶段[2]，第一阶段，亚里士多德清晰的论述了“真”的形式，及逻辑推理的有效性，他认为真知来源于人内心的逻辑思考和对宇宙的追问，发展出了形而上学的哲学观；第二阶段，科学的归纳阶段，当科学的发展受到了中世纪宗教的迫害后，培根颠倒了亚里士多德确立的世界，并极力推荐归纳法，把知识来源归于科学的观察和经验，这便有了现代科学的开端；到了第三阶段，观察归纳法的弊端开始显现，其只适用于科学的初级阶段，一旦体系的基础建立，亚里士多德关于"真"的形式又回到了科学之中，演绎方法重新受到重视，因此后现代哲学家参考了后现代主义的理论体系，提出了将人文思维和科学观察相结合的后现代设计哲学，后现代主义哲学为科学的进步创立了不可磨灭的功勋，量子力学、生命科学、空间科学无一不是建立在后现代哲学的基础之上。

城市设计的哲学与科学的哲学具有一脉相通的效应，从最开始的对于形式美的追求，到关注实际的功能及总结归纳，最后到关注人的后现代主义视角，同样经历了三个重要理念发展阶段，从1978年中央城市工作会议提出改革城市建设体制，把城市作为一个整体进行规划、建设和管理，从而为城市规划的大范围展开提供了前提条件，此时现代意义上的城市设计逐渐走上指导城市建设的舞台，尤其是从1992年至今的城市化快速发展阶段[3]，城市设计对于城市建设起到了巨大的作用，尤其是城市新区的规划和建设，而城市化的不同阶段，迫切需要解决的问题也不相同，在历史的局限中，往往只看到旧时代城市的缺点，对现状问题往往存在着矫枉过正，而忽视了对传统城市优点的延续，新时代的中国城市建设往往存在着贪大求洋，追求宏大性、现代性，出现了对形式美的刻意追求，而后出现对已建成区的反思，进入到重视新理念的城市设计阶段，到2015年的中央城市工作会议，提出了很多革新性的规划思路，至此城市设计正式进入了对城市建设模式的思考和人文关怀的阶段，因此中国城市发展的40年是一部城市设计哲学史的浓缩。

城市设计的哲学演变

从1978年至今，中国城市设计的哲学基本经历了三种哲学，1978年至今的形象设计类型，2011年前后至今的概念设计类型和2014年新型城镇化提出至今的模式设计类型，他们之间并非泾渭分明的划分，而是相互交融相互影响，在此按照设计类型的主要方面进行划分。

1978年至今，形象设计——形而上学的设计哲学

从1978年进入到城市化恢复阶段开始[4]，最初的新城建设浪潮缓慢形成，人们对老城区的环境不满，希望改善老城的落后面貌，包括老城区的拥挤的空间、窄小曲折的道路、落后的建筑面貌和曲折污染的河道。规划师们在规划新城时，使用了和老城区相反的设计思路，尤其是进入到1992年城市化快速发展阶段，追求宏大的广场和轴线、管阔的马路、超现代的公共建筑以及截弯取直硬化的河岸线成为新区城市设计惯用的手法。这种设计手法在针对旧城问题的同时，也采用了一种形而上学的思考模式，形而上学很重要的一方面是对无法证明的事物采用了超验的感性推理，在新区的城市设计上，对于形式美和感性逻辑的双重作用下，产生了中国新区建设的形象设计类型。

2011年前后至今，概念设计——归纳学派的设计哲学

据《2012中国新型城市化报告》称，2011年的中国内地城市化率首次突破50%，达到了51.3%。这意味着中国城镇人口首次超过农村人口，中国城市化进入关键发展阶段。城市化率从1978年的17.9%到2011年的51.3%，城市化率总比增长286.6%，城镇人口从1.71亿到2011年的6.90亿，人口同比增长403.5%，叠加城市人均建设面积增长253.2%[5]，人均城市建设面积达到118平方米。根据以上数据综合测算，城市建设面

积同比增长1021.7%，城市面积扩展为原来的10倍，虽然城市的快速扩张期仍未结束，但城市结构基本构架完成，城市新区成为半新城，超大规模的新区规划慢慢退出历史舞台，超大尺度的城市形象设计类型开始慢慢转型。从2010年中国城市规划年会主题“规划创新”和2011年中国城市规划年会主题“转型和重构”也可以看出，城市规划的方法开始转变，概念设计突出展现在历史舞台上，其不同于形象设计，以归纳学派为主的设计哲学指导下，总结以前城市建设的不足和缺点，提出创新设计理念最为突出，至此城市设计正式进入到中尺度的组团设计和小尺度街区设计为主的概念设计阶段。

2014年至今，模式设计——后现代设计哲学

2014年4月，中共中央、国务院印发了《国家新型城镇化规划》(以下简称《规划》)。《规划》提出顺应现代城市发展新理念新趋势，推动城市绿色发展，提高智能化水平，增强历史文化魅力，全面提升城市内在品质。自此中央出台的文件中多次提到城市发展模式的转变，从《规划》中的绿色城市、智慧城市、人文城市到2015年第四次城市工作会议提出的三生空间和海绵城市，到2016年2月《中共中央国务院关于进一步加强城市规划建设管理工作的若干意见》提出的街区制和“窄马路，密路网”模式，再到2017年3月住房城乡建设部发布的《城市设计管理办法》，进一步加强了城市设计中模式的重要性，而上述文件中的模式无一不是基于人的需求出发，城市发展对人文关怀提高到一个全新的层面。这个后现代设计哲学关于的“科学”+“人文”的理念不谋而合。因此中国的模式设计虽然处于刚刚起步阶段，却已经把中国的城市设计带进了崭新的阶段。

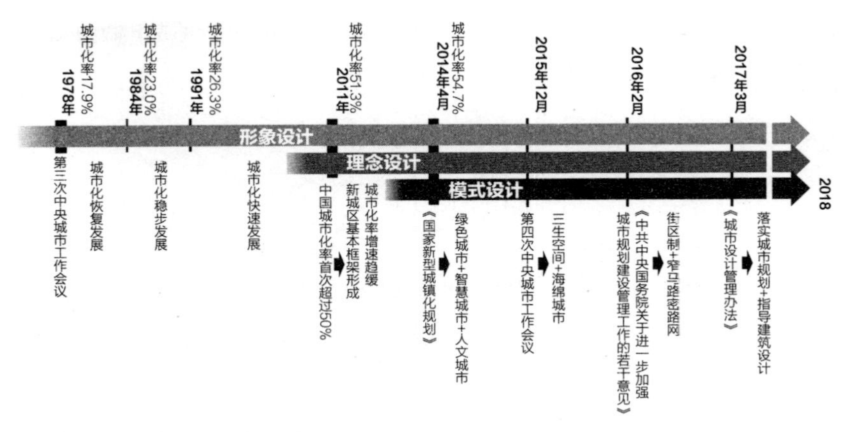

图 10-2 中国城市设计的三种类型及发展阶段

形象设计——从“平面构成”到“上帝视角”

形象设计具有丰厚的发展土壤，从亚里士多德寻求内心的“真”开始，人类的思考和直接美观感受成为主导很多事物的真理，从欧几里得的理性几何到现代艺术的感性平面构成，都有“真”和“美”的内在逻辑存在，而形象设计最开始的美学思考即从“平面构成”中来，其设计要素轴线、对称、重复、阵列、转折、中心等开始大量地应用于城市设计的总图构成中，从中国已建成的多个城市的行政商务区的影像图中可以看出这些要素的重复使用。

形象设计要素

形象设计一般具有一些共性的设计要素，这些设计要素从人视角往往给人震撼的感知体验。

- **标志性建筑：超高层酒店、办公，或超大型公共建筑，体育馆、会展中心，文化中心等**

这些地标性建筑是城市中不可缺少的，给城市带来了识别度，往

图 10-3 从左至右依次为北京中央电视台总部大楼、苏州东方之门、广州的新电视塔

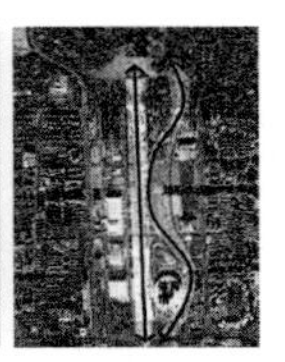

图 10-4 从左至右依次为深圳福田区市民中心、武汉国博中心、沈阳大浑南新城区、哈尔滨群力新区、北京奥体公园

往也会被作为城市名片出现，例如北京中央电视台总部大楼、苏州东方之门、广州的新电视塔等。

● **轴线：以带状广场、公园、地标建筑构成的尺度宏大的形象展示工程**

轴线是中国历史城市的传统，是中国历史治理文化在空间上的载体，但是进入现代化新城建设以后，轴线的设计已经远远脱离了中国传统城市轴线的文化的内涵。传统轴线空间讲究秩序和功能的串接，而现代城市的轴线只讲究大空间，大广场，宽街道等大范围的空间占用。

● **特殊形象的设计：上海的滴水湖、郑东新城**

还有的城市采用了特殊造型的形象设计，例如上海的滴水湖南汇新城，采用了正圆形的形状；郑州的郑东新城，采用了椭圆形的形状。其特殊形象之下的设计理念是流动城市和循环城市，而人视角的体验并非如此美好，其无限循环的交通流、人流、信息流也没有因为环状的城市形状而带来更多的活力。

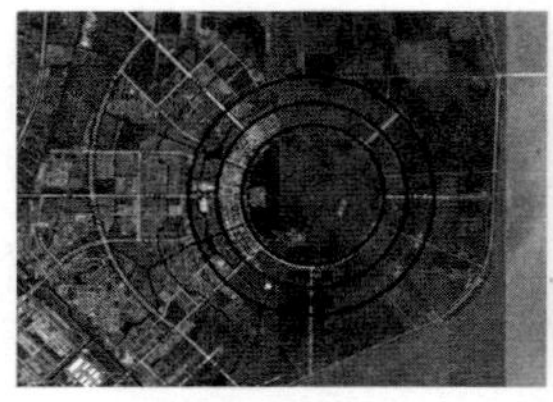

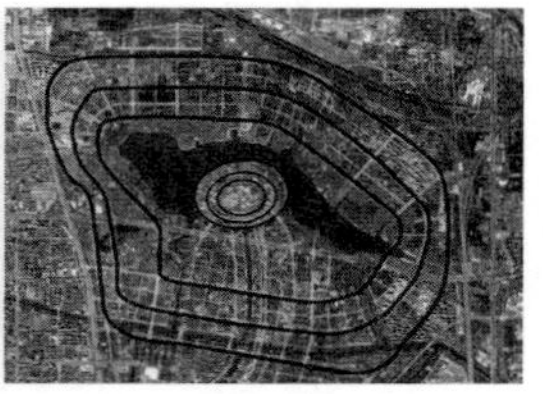

图 10-5 从左至右依次为上海的滴水湖南汇新城、郑州郑东新城如意湖区、郑州郑东新城龙湖区

形象设计——突出的空间，消失的“人”

从已建成的城市新区中，形象设计具有高空视角的结构清晰、尺度宏大、形式美观等特点，而在人视角则基本无法感受到形象设计的这些特点，形象设计的这个特征也称作为“上帝视角”，从“平面构成”到“上帝视角”，形象设计基本将城市作为一个精心布置的棋盘，设计师就是旗手，将城市空间布置当成一个个棋子的占位，而城市的使用者——“人”从这个棋局中消失了。也正是基于没有地域特色的“平面构成”式的新区建设，导致了中国城市千城一面的后果。

概念设计——“百花齐放”的灵感创意

当设计者，政府管理者和民众开始对千城一面的现代化城市不再抱有美好的臆想后，尤其是对现代新城进行反思后，城市设计开始进入新的设计阶段，利用观察归纳的哲学方法总结以往经验，开始注重理念的创新和人视角和人尺度的空间创新，形成具有“百花齐放”灵感创意的概念设计阶段。

概念设计具有创新的概念和空间

概念设计中的创新往往将概念和空间融为一体，将创新概念以空间形式表达出来，或者为空间附加创新概念，其创新为城市设计方案带来了亮点和新意，但现实中，创意概念往往停留在概念阶段，为了创新而创新的，其创新空间本身对于人的需求考虑甚少；其次创新的概念和空间会导致经济可行性的降低，导致方案的不了了之。由于缺少已建成的实际案例，以城市设计方案作为案例分析。

● **案例一：成都独角兽岛“无限循环”**

在成都独角兽岛的国际城市设计招标中，以无限循环为概念设计方案，以概念符号“∞”为创意，表示城市发展的无限未来，同时在空间上也以“∞”形状进行组织，形成了从概念到空间的高度统一，但这个概念方案并没有回答，除了象征意义上的概念外，如何为“人”提供适宜的空间，如何为城市发展创造活力等根本性问题，因此其概念除了概念本身，似乎不能为城市和使用者带来额外的贡献。

图 10-6 成都独角兽岛“∞”概念设计方案

● **案例二：深圳前海的“电路板”**

同样，深圳前海的国际招标中，出现了以“电路板”为概念的设计方案，以城市路网和公共空间作为“电路”和“电容器”，以“电路板”的科技形象表达了对深圳前海知识城市，现代城市的高度概括和表达，其“电路板”的概念也和空间形成了高度的融合。其同样面临的问题是，道路和城市空间的组织形式只是和“电路板”有相通之处，这些概念除了概念本身，并不能给城市带来额外的价值。

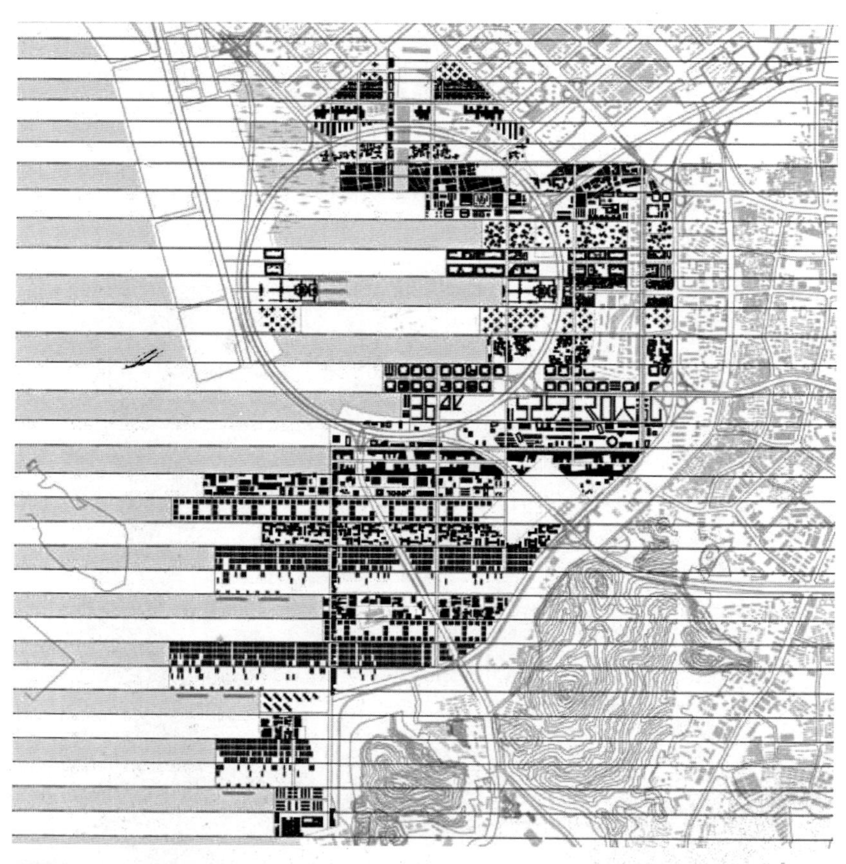

图 10-7 深圳前海电路板概念设计方案

概念设计——激动人心的创意，难以落地的遗憾

从空间创新到概念创新，从激动人心的设计理念到博人眼球的创意空间，概念设计的城市设计方法缺少了人文视角的思考，其忽视了最重要的一点，城市之所以成为城市，不是因为城市的建筑，而是因为城市人，城市是人的城市。在经济可行性的方面也缺少了城市开发的投入产出的平衡，导致其往往停留在概念设计阶段本身。

模式设计——“人文+科学”的后现代设计理念

后现代哲学家从后现代主义那里学会了一套批判现代科学的方法，认为观察和归纳得到的科学停滞不前的原因来自于科学造成的世界二元对立，如物质的和精神的对立，实证的和思辨的对立，科学的和人文的对立，整体论的和还原论的对立，因此后现代哲学家主张消除了这些对立的后现代哲学观，这为后现代的科学发展提供了巨大的生产力。

在经历了短暂的概念设计繁荣后，城市设计进入到新的阶段——模式设计，此处“模式”建立在人本位的视角之上，并进行的科学的论证而形成的城市开发模式，因此，城市设计并非终极蓝图的设计，而是可实施、可复制、有特色、有人文的一种“模式”过程，只要构建恰当的“模式”，城市设计从方案到实施再到城市管理，都具有了可操作的实际效果。其和形象设计最大的差别在于，形象设计以夸张的空间机理，或吸人眼球的地标建筑来建设城市，而模式设计最大的特点就是用普通的城市建筑和宜人的空间尺度，通过模式的组合构成美好的城市。

模式设计的三要素

● **基于人本位的空间模式**

在模式设计中，最重要的“人文”方面需要关注人的需求，注重城市空间尺度对行人的友好性，注重公共交通的便利出行，注重人的多样性需求形成的多样化城市空间和混合用地的利用，注重城市历史文化的延续和历史街区的活力等，形成基于人本位的空间模式。

● **尊重市场经济的开发模式**

模式设计不仅具有人文的关怀，也必须注重市场经济的开发模式，以科学地论证“模式”的可实施性，形成从方案到落地的开发模式。

● **具有结合地方特色的实施模式**

模式设计并非千篇一律的模式套用，需要结合地方的特色进行设计，例如山地城市和平原城市的区别，热带地区城市和严寒地区城市的区别，特大城市和中小城市的区别等，需要结合地方特色的，形成具体的开发模式。

模式设计在国家层面出台了不少政策文件，而世界上很多城市是某些模式的代表，如表10–1所示。

政策文件和代表城市中的设计模式　　　表 10–1

模式类型	模式名称	模式简析	模式设计 （在城市设计中的应用）
政策文件（国务院或国家部门发布的政策文件中提出的城市发展模式）	绿色城市	从城市建设的各个方面提出高效生态发展的模式	注重绿色建筑、绿色交通和绿色空间在城市设计中的应用 绿色城市指标 绿色发展理念 绿色高效模式
	智慧城市	物联网、云计算、大数据等新一代信息技术在城市中的创新应用	基础设施智能化和公共服务便捷化
	人文城市	在旧城改造中促进功能提升与文化文物保护相结合。在新城新区建设中融入传统文化元素，与原有城市自然人文特征相协调	注重分析人的行为活动模式，包括交通行为、消费行为、通勤行为、步行街行为、轨道站地区行为、CBD行为和滨水区行为等等。实践中重视基地内人的活动行为模式分析，构建空间结构布局，创建特色活力区

续表

模式类型	模式名称	模式简析	模式设计（在城市设计中的应用）
政策文件（国务院或国家部门发布的政策文件中提出的城市发展模式）	海绵城市	城市应对生态环境变化的弹性策略，对雨水的多样化处理和利用	注重灰色空间的表层肌理，注重灰色空间与生态空间的融合
	街区制	居住区社区化 居住小区开放化	注重城市居住空间的转型，居住单元与城市功能的多样化融合
	窄马路、密路网	对城市道路系统的变革式改变，从人视角，步行化出发改善城市道路格局	提高城市道路的公共空间属性和街道高宽比，形成人性化街道空间
城市代表（以成功城市的发展经验为代表的模式）	纽约中央公园模式	以绿色空间为核心营造城市新中心	绿色功能核心+空间中心，大疏大密的空间模式
	新加坡邻里中心模式	以邻里中心为社区商业中心、交往中心、公共服务中心，形成城市的节点网络	注重组团划分模式，以及组团中心与公共交通的耦合
	香港TOD模式	以大运量的公共交通支撑高强度的城市公共中心	注重交通空间和城市商业空间、休闲空间，商务办公之间的衔接。 注重公共中心建筑高度与城市形象
	新宿城战一体模式	交通枢纽与城市功能高度融合，需要在管理制度方面进行创新	注重交通枢纽空间与城市空间的融合，防止交通通行空间切割城市空间
	上海新天地模式	对地方传统文化街区的再创造，以传统城市空间建设城市新休闲中心	城市新旧空间的结合，传统休闲空间与现代生活空间的协调

中国城市设计在中国40年的城镇化浪潮中大放异彩，然而回顾城市发展的成果，新城建设的千城一面，传统历史空间的消逝，以车为本的空间尺度还在不断地在城市中上演，然而城市更不是城市设计的试验田，城市不等于建筑，城市等于居民。只有从设计哲学上进行根本的变革，以人文思维和科学精神相结合后现代主义设计理念出发规划建设城市，才能达到“城市让生活更美好”，本文中的“模式设计”绝非僵化模式的套用，而是针对城市特色、城市文化、城市脉络，从人视角出发的“人本模式”的设计哲学。

注释

【1】 数据来源：2018年上海市统计年鉴，2017年上海市常住人口为2418.33万，影剧院建筑面积为70万平方米。

【2】 Evolution and Healing［J］. JL Low. Physiotherapy. 1997(6).

【3】【4】《2012中国新型城市化报告》介绍说，新中国的城市化发展历程迄今大致包括1949—1957年城市化起步发展、1958—1965年城市化曲折发展、1966—1978年城市化停滞发展、中国的城市化经历了1979—1984年城市化恢复发展、1985—1991年城市化稳步发展、1992年至今城市化快速发展等6个阶段.

【5】 全国历年城市数量及人口、面积情况（1978—2016）.

第三部分

城市的远见

第十一章〈

城市的远见

“不同领域之间的影响错综复杂
没有人能掌握所有的最新科技
没有人能预测 10 年后世界的模样
也没有人知道我们在一片匆忙之中会走向何处”

——《未来简史》Yuval Harari

ABC 时代的城市

ABC分别是"AI"人工智能、"Big Data"大数据和"Cloud Computing"云计算三大未来科技的首字母缩写。与ABC时代一起还有5G时代、万物互联、生物科技、材料革命的时代，单一科技的发展只能在某些方面改变人类的需求，而当所有的科技开始相互融合，则可能产生强大的化学反应，未来的人类和城市发展将远超我们的想象。专家各有所长，他们精通人工智能，精通纳米科技、大数据或遗传基因，但是没有人成为这一切的专家。因此，没有人能真正地把这一切串联起来，看到完整的全貌。就像《未来简史》中提到："不同领域之间的影响错综复杂，就算最聪明的头脑也无法预测人工智能的突破会对纳米技术有什么影响，反之亦然。没有人能掌握所有的最新科技，没有人能预测10年后世界的模样，也没有人知道我们在一片匆忙之中会走向何处。"

我们并不是要讨论虚幻的未来城市，也不是要大开脑洞进行无边无际的幻想，而是基于正在发生的科学革命、经济发展规律以及人类本身需求三个方面的综合，严谨地推演城市最可能的发展轨迹。正如电灯的发明让夜生活更加丰富，汽车的发明使的美国大城市形成大规模郊区蔓延，电梯的发明使纽约曼哈顿成为世界的金融中心，空调的发明使热带城市香港、新加坡迅速崛起，我们城市的方方面面都离不开科技发展的支撑。而城市的发展又有本身的规律可循，例如大多数城市都遵循租差理论下的圈层发展规律，城市核心区的聚集规模效应，科技的发展并没有抹平城市核心聚集的趋势，因为尽管远距离的交流成本已经下降，但接近性却变得更有价值。再者人类本身的需求也会影响城市空间发展，人类需要阳光、新鲜的空气和绿色的环境，那些设置在核心区的高架路不仅剥夺了属于人的开敞空间，还制造了更多的噪声和污染，这些城市空间最终还是会回到人类本质需求状态。

普通人注意到那些不常见的事情，称之为奇迹；聪明人才会注意到那些常见的事情，发现其中的奥秘。城市资产变成城市服务，交通拥堵成为历史，写字楼经济崩塌，交往空间再升级，未来的城市变革正是从我们习以为常的事情开始，而时代发展如此之快，太多以前认为不可思议的事情近在眼前，而我们似乎还在继续作为旁观者，无所适从。

要探讨未来的城市，首先要研究未来的城市人，正是未来城市人新的需求塑造了未来城市的愿景，本文从人的生物学本质入手，讨论未来城市人文主义和未来城市空间。

城市人文主义

在讨论城市人文主义之前，先从研究人本身出发。人的本质是什么？人有哪些社会属性？城市人文主义是如何进化的？城市人文主义对城市空间的构成有什么影响？

人的生物学本质

人是基因制造出来用于复制基因的工具

《自私的基因》的作者Richard Dawkins认为，个体可以看成是基因制造出来用于复制基因的工具，被基因利用之后可以抛弃。它完全不关心我们是否生活的愉快，它只是在为了我们基因的利益时才去促进健康。从纯进化论的角度看问题，如果焦虑、心力衰竭、近视、痛风和癌症等倾向在某些方面与增加成功的繁殖有关，这些基因就会被保留，我们也就是这些“成功”之后必须承受这些痛苦的代价。

这是因为多向性基因的本质属性决定的。如果一个基因具有一种以上的作用便是多向性基因，举例来说。

- **例一：Huntington亨丁顿氏病——那些不利于健康却有利于生殖的基因**

携带这种病基因的大多数患者在40岁之前没有症状，40岁之后记忆衰退，肌肉抽搐，某些神经细胞逐渐退化，直到不能走路，不能记得自己的名字，为什么在漫长的自然选择进化中没有剔除这种基因，在古代这种基因并没有对人们生殖造成影响。而进入现代社会，自然选择的力量有和现代人权形成了冲突，对这个基因筛选影响很小，据估算，美国人群中二万分之一的人带有Huntington基因。

● **例二：躁郁症——一些致病的基因甚至有可能增加生殖的成功率**

引起狂躁抑郁症的基因群，狂躁时有些病人性冲动增强，具进攻性，而另外一些人则才华出众，立下功绩使他们根据吸引力，这种能力在古代增加了其繁殖后代的成功率。如果一个基因能增加生殖成功率，即使非常有害，都将扩散开来。再一次证明了自然选择不选择健康，只选择成功的繁殖。而在现代社会则不同，人们不再喜欢有狂躁抑郁症的人。

● **例三：早期钙吸收与晚年动脉硬化**

如果一个基因因为能够改变钙的代谢，促进钙的吸收、沉淀而使得骨折更快的愈合；增加了幼年及青年时期的生存率。但同时这一基因也会慢慢析出钙并使钙物质沉淀在动脉壁上，从而导致动脉硬化。然而这个基因并不在乎老年人动脉硬化的问题，因为其早已完成了基因自身复制的使命。

● **例四：铁色素沉着性肝硬化**

在生命的中后期，过多的铁在肝脏沉着会毁坏肝脏，但在生命早期，吸收过多的铁，使患者避免发生缺铁性贫血，这在早期有益的特点压倒了后来的损失，使得这种基因保留下来，而这种基因在人群中出现的频率高达10%。同例三一样，这种基因不会遭到自然选择的淘汰，正是因为其没有影响到基因本身的传递。

现代医学发展是一部基因对抗史，科学的力量开始介入自然选择进化的过程自然选择只关心我们是否适应（fitness），不关心我们是否舒适（comfort）。而现代医学正是要对抗这种基因的自私属性，在破解基因密码之后，人类在致力于增加寿命，并改进中老年的生活体验，科学的力量开始全面介入自然选择进化的过程，开始关心人类自身的感受。

自我意识：体验自我和叙事自我

人体内至少有两种自我：体验自我（experiencing self）和叙事自我（narrating self）。体验自我是每时每刻的意识，其负责的感官神经基本位于我们的大脑的右侧半球，叙事自我是体验自我的翻译者，也是语言、情感，在忙着将我们的体验过滤–加工–总结，并为未来制定计划。如《未来简史》作者Yuval Harari所说："叙事自我就像记者、诗人或政治人物，不会叙述所有细节，通常只会用事件的高潮和最后的结果来编织故事。"

- **"峰终定律"**（peak–end–rules）

科学家做了很多实验，发现叙事自我遵循"峰终定律"（peak–end–rules），叙事自我对我们的体验下判断时，并不会在意时间的长短，而是只记得高峰和终点这两者。再平均作为整个体验的价值。

比如参加马拉松项目时，跑步的时候可能气喘吁吁，双腿灌铅一样沉重，承受着严寒酷暑，心想以后再也不报名参加了，但下次总是还会默默地到各个官网上翻看马拉松报名信息并再次报名。这是体验自我和叙事自我两种自我的博弈。体验自我并不参加未来计划的制定，而这些决定都有叙事自我做出。叙事自我有一把锋利的剪刀、一支黑色的粗马克笔，一一审查着我们的体验，至少有些令人恐惧不悦的时刻就这样被删去，最后整理出一个有欢乐结尾的故事，备案存档。跑马拉松也是一样，马拉松的体验过程或许不轻松甚至很糟糕，可是马拉松的结尾体验很棒，在经过长时间辛苦征程终于结束的幸福感，以及成功之后的荣誉感，以及工作人员帮忙戴上奖牌之后Ending的仪式感，因此叙事自我就会忽略长达数小时的痛苦和不堪，将马拉松的体验总结为正向。不管叙事自我是进化的自我安慰还是自我欺骗？人类发现其运行规律后可以反向创造更好的叙事自我。

使用“峰终定律”来回顾我们的城市场所的营造，我们的城市空间需要兼顾体验自我和叙事自我，而叙事自我往往更加重要。旅游城市和旅游景区等需要塑造口碑的地区，不仅要照顾体验自我，更重要的是照顾到叙事自我的感受。以城市乐园为例，做一个体验好的中间项目和一个好的Ending就很重要。迪士尼乐园的游乐高潮是时空隧道，而Happy Ending则是欣赏晚上的烟火表演，迪士尼的成功在于抓住了叙事自我的评价精髓，因此打造了良好的口碑。体验自我时时刻刻在对生活的城市进行评价，城市也在努力改善各种设施来讨好人类的体验。然而为什么有些城市在人们去过之后留不下什么印象？为什么有些景区让人再也不想去第二次？当城市中更多的特色历史街区被当作棚户区拆除，当存在千年的城市历史格局被现代建设抹去，现代城市建设更加千篇一律，千篇一律的高楼大厦，千篇一律的轴线广场，千篇一律的购物中心。这些千篇一律或许会在体验自我中激起一点点小的火花，却难以在叙事自我中留下一丝涟漪。

城市人文主义

科学发展让人类更了解生物自我和意识自我，也正是科学让人文主义第一次真正的站上历史的舞台。人类开始真正成为自己的主人，开始关注自己的需求，不再依赖于诸神宗教论，不再将内心的信仰寄托在他处。人类开始寻找自身的意义，这成为人文主义的开端。18世纪末的英国哲学家边沁主张，所谓至善就是“为最多人带来最大的快乐”。并认为国家、市场和科学界唯一值得追求的目标就是提高全球人类的快乐。经过两百年，人们越来越觉得开始注重边沁哲学，不是我们要服务于诸神宗教，而是诸神根本不存在，不是我们要服务于社会，而是社会服务与我们，不是我们要服务于国家，而是国家要服务于我们。

从泛灵论到城市人文主义

- **泛灵论——狩猎时代**

在石器时代，人们依靠捕猎采集为生，经常受到野兽的攻击，智人和很多动物抢果实和猎物。在那个时代，智人并没有认为自己具有特殊性，智人和其他动物还能进行交流，进行平等的竞争，这个漫长的时期，智人信仰的是泛灵论，即智人和动物以及植物都是有灵魂的，平等的存在于这个世界上。

- **诸神宗教论——农业时代**

在农业革命以来，人类的工具进步，并开始驯养家畜，培养农作物，从此智人不再对其他动植物平等看待，认为动植物都是没有灵魂的，只有人类拥有灵魂，因此宰杀动物并不会带来道德上的谴责。但人类至高无上的权利来源就成为问题，因此开始出现人和神的对话，人权神授，神是世界的创造者，而人类是世界的管理者，开始出现人和神的对话，形成了诸神宗教论，无论是基督教，伊斯兰教还是佛教，都有一个神在上方引领着人类。

- **人文主义——工业时代**

到了科学革命和工业革命，人类的潜力需要进一步解放，人权神授仍然需要人对神尽很多义务，科学的进步和劳动力的解放双重需求让诸神宗教论开始瓦解，人类再也不需要依附于任何伟大的领导者，崇拜人类本身的宗教开始了，这就是人文主义，一切为了人本身。

在《未来简史》中Yuval Harari提到“现代科学和工业的兴起，带来了人和动物关系的二次革命，在农业革命中，人类已经删去了动植物的台词，让泛灵论的这出大戏只剩下人和神的对话。而到了科学革命，连诸神的台词也被删去。现在，整个世界已经成了独角戏。人类站在空荡荡的舞台中间自言自语，不需要和任何其他角色谈判妥协，不但得到无上权力，而且不用负担任何义务。破解了物理学、化学和生物学无声的法则之后，现在人类在这些领域可以为所欲为”。

● **城市人文主义——城市时代**

英国在1850年前后城镇化率达到50%，美国在1918年前后城镇化率达到50%，日本在1968年前后城镇化率达到50%，2008年，全球城镇化率突破50%，世界上就有一半的人口居住在城市中。世界正式进入到城市时代。2011年前后，中国城镇化率也首次突破了50%，达到51.27%[1]。在城市时代，人文主义和城市生活合二为一，形成了城市人文主义。人们聚集在城市中是为了更好的生活，并以人文主义的名义不断地对城市进行改造，最终形成承载人类共同居住的空间载体。

城市人文主义的两面受困——现代主义和未来主义

当科学革命改变了人类的信仰，而城市革命改变了人类的生活方式，在短短两百年时间，人类从居住了百万年的田野集中到大城市里。城市成为人文主义的载体，然而在这个城市化过程中，人类仍然可能再次迷失自我，陷入现代主义和经济增长的歧途中，那些为了通行创造的汽车也正在抢占属于人类步行的空间；那些为城市行洪创造的笔直河道忽视了人类向水而生的自然天性；那些宏大的纪念广场和现代轴线在强调着统治者至高无上的权利的同时也遗忘了民生的诉求。另一方面，人文主义可能也面临着新技术的冲击，当人工智能可以替代人类做绝大部分工作时，人类本身的意义可能受到严重的挑战，在未来ABC时代，城市会产生出更多样化的生活方式，工作形式也将面临巨大的变迁，人文主义或许不是信仰的终点，而只是人类信仰的中间站。

人未来的“第一次解放”

在以往所有人类发展的时代，民众总是被用来牺牲的，无论是中国封建时代历朝历代、伊斯兰帝国还是欧洲各个王国，虽然都是成就斐然，但就算到了1850年，一般人的生活比起远古狩猎采集者仍然不见得更好，而且实际上更糟。1850年，不管中国的农民还是曼彻斯特工厂的劳工，工时都比狩猎采集者更长，工作对身体的负担更重，对心里的压力也更大；他们的饮食比远古更不均衡，卫生条件更为落后，而传染病更为常见。在远古时代，三天中仅需要一天出去打猎采集就可以满足生存，而工业社会需要每天都工作。

到现代社会，这个趋势改变了么？城市里的工作和休闲真的改变了么？城市中“996”“997”的工作时间制度越来越严苛，工作挤占了城市人的大部分时间，休闲度假成了现代人越来越奢侈的事情，城市人压力越来越大，到底是时代发展了，还是民众发展了？这个趋势背后的控制逻辑是什么？

人文主义崇拜的人类自身，是个人的解放还是经济发展需要的新的思想枷锁？如果普通的大众习惯了必须辛苦的劳动才能负担生活的重量时，至少现代人类仍然没有摆脱被劳役的命运，人文主义的理想依然没有实现。如果超越人文主义，是否会迎来人的“第一次解放”？让人工智能做绝大多数必要的工作，而人类只需要做科技研发和艺术创新是否成为现实？这些我们将在下一节进行详细的推论和研究。

城市的远见

未来是属于城市的，这不仅仅是全球城市化的趋势，也是人类唯一的选择。Edward Glaeser在《城市的胜利》中说："人类是对自然有极大的破坏的物种，如果人类热爱自然的话，最好的办法是远离自然，搬到城市中"；"郊区环境保护主义已经过时了，自然环境真正的朋友是纽约的曼哈顿，伦敦的市中心和上海的浦东新区"。国际环境与发展协会（IIED）的大卫·多德曼研究指出：伦敦居民的排放量是英国人均的一半，纽约居民则是美国人均的30%，巴西圣保罗居民的碳排放量是巴西人均的18%，如果你热爱自然，就搬到城市中来，这看似矛盾，确是唯一正确的选择了，人类是一个如此强大的物种，只有人类把自己圈在城市之中，才能将人类的破坏力降到最低，如果你对大自然还留有一丝感念，那就离开它。在城市中人类也可以创造舒适自在的生活，而未来科技的加持，让我们更加愿意畅想未来城市的愿景。

5G时代与万物互联

4G网络的发展让人和人连接沟通变得更简单，而5G网络时代会将所有的实物进行连接，这种庞大的连接系统和处理系统就更加接近人类本身，人类所有的感官每时每刻都在接受着无数的信息，并将信息传输到大脑中进行处理并做出反应，是一个综合高效的过程。最关键的是人类在这个过程中产生了意识。大脑拥有超过800亿个神经元相互连接形成无数的网络，而这几百亿的神经元之间的电子信号交换产生了人类意识这个神奇的结果，人类至今没有研究清楚意识产生的真正原因，毕竟电脑也有电子信号的交换和处理，但从未产生过痛苦、焦虑、高兴等主观意识。最新的科学观认为量子纠缠和量子态塌陷是意识产生的原因。各种感官产生的电子信号会形成量子纠缠，以量子态的形式出现，在相互接触中以量子态塌陷为结果，形成新的形态组合，产生了意识，但意识究竟是什么，人类仍然无法得出最后的答案。而未来的5G万物互联的时代，最有价值的不是可以追溯每一滴牛奶的产生、运输和销售的全过程，也不是单系统运行的自动化和高效率，而是整个系统的信息交互催生的全新的产业革命。下文将以未来的出行为例，来解释各个方面变革产生的综合效应对出行产生的改头换面的变化。而更进一步，万物互联和ABC（人工智能、大数据、云计算）的结合是否会产生出类似人类大脑的自处理系统和自我意识，这将会对未来人类和未来城市产生更宏大的影响。

ABC时代的未来交通

万物互联+自动驾驶+信息自由+远程办公+资源共享

2018年云栖大会阿里云宣布在城市大脑的帮助下，杭州交通拥堵率从2016年时的全国第5降至2018年的全国第57名。阿里云的工程师甚至呼吁，有了“城市大脑”，城市可以节省很多珍贵的资源，比如可以拿出一部分道路资源给老百姓盖房子。仅仅通过智慧交通的管理，城市交通运行效率就可以得到提高。

丹麦国会议员Ida Auken在2017年世界经济论坛上提出的关于2030年共享城市的设想，“Welcome to 2030. I own nothing，have no privacy.It might seem odd to you，but it make perfect sense for us in this city.Everything you considered a product，has now become a service.”其最后一句话是说你现在认为的产品，在2030年都将变成一种服务。这句话用在未来的城市交通产业，会更加具体，现在我们拥有的小汽车，在2030年都将会变成一种出行服务。在2030年我们不再拥有私人汽车，而是可以随时随地享受便利的出行服务。这种变化到底是一种妄想还是既成事实？这种未来是如何发生的？需要那些条件来支撑？

全球汽车保有量在2009年突破10亿量，到2017年全球汽车保有量即将突破20亿辆。蔚来资本称，中国有数百家初创公司在押宝电动汽车革命，每一家均有这宏大的发展目标，可能在将来只有1%的公司能够活下来。如果未来我们将不再拥有私家车，那么现在的汽车产业正在处于泡沫快速膨胀阶段，也是汽车产业最后的繁华。在汽车产业仍在膨胀阶段，全球的科技巨头几乎都在布局出行服务的商业计划，一边是不断扩充的产能，一边是快速研发中的未来出行服务，两者不能共存，科技的发展是任何因素都不能阻挡的。

目前阶段的出行方式

如果你是拥有小汽车的20亿分之一，你一天的用车行程可能是这样的，早上你到达自己的停车库，驾车半小时到工作地点，下午下班后再驾车半小时回到家里，直到第二天的再一次循环。你的私家车在一天24个小时中仅使用了1个小时，而且占用了两个停车位，这是一种机械式的低效的出行方式。在系统化思维的21世纪，这种出行方式仍然存在，除了汽车产业发展和经济增长以外再也没有了其他存在的理由。

未来城市出行愿景

在2030年的一天早上，你起床后，智能系统提醒你上午9点有一场商务会议需要出席，你只需确认出行，当你吃完早饭，走出住宅，有一辆出行服务公司的无人驾驶汽车刚刚好停到你的身边，你只需要打开车门上车，无需输入目的地或进行其他操作，无人驾驶汽车将会准时将你送达会议中心。当你结束会议需要返回家时，又有一辆无人驾驶汽车准时停到你的身边将你安全快速地载回家。这种高效的出行方式，可以通过目前车辆拥有量的十分之一甚至更少就可以达到更便捷的出行。一旦车辆大量减少，我们将不再需要如此多的城市道路，桥梁以及占用大量资源的停车位。

这种场景你可能觉得不值一提，这不就是滴滴出行的无人驾驶版本么？这次可能是你把事情想简单了，要达到上述的出行愿景，需要攻克太多的技术和制度难关，甚至是需要改变人类数百年的生活习惯。它需要“信息自由+自动驾驶+万物互联+远程办公”四个要素缺一不可。

- **信息自由**

如要达到出行的极致便利，需要你将个人的时间安排全部上传到系统之中，由系统掌握你的所有出行计划，包括出行时间、出行目的地和返程时间，再由系统进行出行车辆的统一调度，形成出行资源的最优化配置。但如果这样，我们就需要放弃我们的隐私，让我们的信息在系统中流转，和所有其他人的信息交互共享，让系统算出最佳安排。允许系统算法随时知道我们身在何处，想去何方。数据主义者认为信息自由是最大的善，让所有的信息共享并自由流通可以创造出巨大的力量，传统的智能形成过程从数据收集到信息提取再到知识总结最后才能进行智能应用。在大数据时代，数据主义者认为数据量已经大到远非人类可以处理的程度，而只能交给人工智能进行处理，Yuval Harari在《未来简史》中提出“人文主义认为所有的体验发生在我们心中，我们要从自己心里找出一切事物的意义，进而为宇宙赋予了意义。数据主义则认为，体验不分享就没有价值，而且我们并不需要从（甚至不可能）自己心里找到意义。我们该做的就是记录自己的体验，上传到大数据中心，接着算法就找出了这些体验的意义”。数据本身即意义本身，人类不用再苦苦思索数据或知识的意义。然而走到这一步需要跨越无数的道德鸿沟，不仅面临着个人隐私等道德议题，还要面临着人类的意义的终极陷阱，大数据不再依附于人类赋予意义，其本身即可以产生意义。这是信息自由需要面临的最大难题。

● **自动驾驶**

2018年4月和8月分别由滴滴顺风车司机导致的两起恶性犯罪事件，使互联网共享出行成为人们口诛笔伐的对象。滴滴公司对于线下出行的客户安全仍然缺乏100%的控制和信心，但事实上网约车比出租车更安全。在2018年9月20日，中国最高法院发布网约车与出租车服务过程中犯罪情况的大数据报告，其中2017年，网约车司机每万人案发率为0.048，传统出租车司机每万人案发率为0.627，传统出租车司机案发率约为网约车的13倍。网约车的犯罪事件之所以更受关注是因为其网络传播度远远高于传统出租车，这也是特斯拉自动驾驶汽车事故在网上闹得沸沸扬扬的原因，同理自动驾驶汽车的事故率比传统汽车仍然低了很多，根据NHTSA（美国交通局）公布的报告，特斯拉的自动转向功能将百万英里的事故率从1.3降到0.8，而NHTSA主管Mark Rosekind称，自动驾驶技术可以把人为失误引发的车祸事故率降低94%。

同时自动驾驶可以完全避免人类驾驶员造成的人为恶性事件的发生，把驾驶交给人工智能远比交给有自由意识的陌生人好得多。虽然很多科幻电影中赋予自动驾驶汽车意识或被黑客侵入后产生了不受控制的后果，但在现实中这两类事件几乎不会发生，首先自动驾驶系统的冗余性设计和个体独立属性使黑客入侵难如登天，其次目前人工智能只具有功能性而不具有意识，不会产生顺风车司机的邪恶念头。成熟的自动驾驶是未来出行至关重要的部分，其将会解放几千万的专职司机，从而节约出行中占比最大的人工成本，使出行费用大幅度降低，这是未来人人均可享受舒适而廉价出行的必要前提。

Google公司旗下的自动驾驶企业waymo和互联网出行企业Uber都在试行自动驾驶的载客服务，虽然目前阶段仍步履维艰，但技术难关已经不是制约其发展的关键要素，配套的法律制度、城市道路基础设施以及对于新出行观念的修正成为下一步需要克服的难关。

- **万物互联**

万物互联使人和汽车成为可互相感知的单元，自动驾驶汽车知道即将服务的出行客户的实时位置，为客户提供最快捷的上车位置。同时汽车和停车库、自动充电设施、街道设施、交叉口信号设施等相互联通，使系统运行完整顺畅。

- **远程办公**

未来出行的技术问题得到解决后，还需要人类工作方式的改变，否则共享出行并不能完全替代私家车出行。在全球拥有20亿辆私家车之后，在早晚高峰打出租车出行仍然比较困难，虽然这些私家车一天24小时内有绝大多数时间都处于闲置状态，但高峰出行使汽车数量只增不减，如果将出行高峰2小时抹平至12个小时，则未来共享出行需要的汽车数量为目前的1/6，才有可能做到真正的未来共享出行。这要改变人类几百年来形成的集中工作的制度，将变得极为困难。但在很多地方这种远程办公的趋势已经出现，通过有效的远程办公软件，可达到集中办公同样的工作效率，而且避免了每日的通勤时间和成本，这在像北京这样的大城市，住在郊区而工作在市中心的职工每天甚至可以节约三个小时的路上通勤时间，这无疑提高了个人的生活质量并降低了社会运营成本。

未来出行的妥协方案

依靠目前私家车数量1/6的共享车辆来全部代替私家车出行在未来变得不太可能，虽然其可以将汽车利用效率提高六倍，但瞬时高峰出行让数量不足的共享汽车无计可施。而一旦人们享受过极其便利的未来智能出行体验，将难以回到以前堵车时代的笨拙出行方式。一方面采用错峰出行方式，尽量减少高峰出行量，另一方面未来城市出行的妥协方案将会是少量私家车，大量智能共享汽车和发达的大运量公共交通三者共存方式，少量私家车可满足部分人的特殊出行需求和驾驶爱好；大量的智能共享出行可将汽车使用率极大程度提高，而所需要的桥梁、道路、停车位、隧道就可以大大减少；而公共交通则提供了早晚高峰的大运量出行需求。因此未来城市交通格局将会需要更多的轨道地下通道、公共巴士专用道路以及更少的普通车行道。大量减少的车行道将会成为步行街道、绿化公园和商业休闲广场，你能想象未来城市道路的一半甚至更多变成城市公园的状态么？公园比现在多十倍，人们随时随地享受大自然的包围，热岛效应也不复存在，城市真正成为美好生活的承载者。

ABC时代的城市空间更迭

即将被超越的图灵测试

图灵测试（The Turing Test）是在1950年由艾伦·麦席森·图灵提出，指测试者与被测试者（一个人和一台机器）隔开的情况下，通过一些装置（如键盘）向被测试者随意提问。进行多次测试后，如果有超过

30%的测试者不能确定出被测试者是人还是机器，那么这台机器就通过了测试，并被认为具有人类智能。虽然图灵测试提出了很多年，但AI依然没有完全实现，在图灵测试方面似乎还差距巨大。但在某些专业中，AI已经通过了图灵测试。比如人工智能作曲机器人EMI创造的音乐和巴赫的一样出众，总有人批评说EMI创作的音乐虽然出众，但还是缺少了些什么，一切太过准确、没有深度、没有灵魂。但只要人们在不知作曲者是谁的情况下听到EMI的作品，常常会大赞这些作品充满灵魂和情感的共鸣。在比如作诗机器人Annie，2011年，出版了《激情之夜：人和机器人所作的俳句两千首》（comes the fiery night：2000 haiku by man and machine）诗集里，有些是人类的作品，有些是Annie的作品，但书中并未透露那些是人类的，那些是AI的。人们似乎无法分辨出其中的差别。

体力和智力都将被替代，唯有意识独存

工业革命以后，人们担心机械化会让很多人失业，然而事实是产生了更多的其他类型工作，从而解放了流水线上最枯燥的工作。信息革命以来，仍然是这种趋势，很多复杂的工作被计算机替代以后，更多的工作衍生出来。当人们延续以前的思维，认为人工智能革命虽然会替代目前很多人的工作，但同样也会衍生出更多的工作。正确两次或三次的理论并不一定是真理，哪怕其正确100次，也不能保证其101次不会出现变化。这次人工智能的发展可能超乎人类的想象。现代社会仍然继承了工业社会的流水线作业思维，人类分工越来越专业化，对于目前大多数工作来说，99%的人类特征及能力都是多余的，这让人工智能替代人类的工作变得更加简单。目前最主流的观点是人工智能会替代不需要创意的工作，人类仍然可以从事智能开发或艺术类工作，而上节中的通过艺术图灵测试的人工智能也反驳了这一点。至此，在

体力和智力被人工智能替代以后，人类仍有最后的守关，从目前可预见的未来，意识是动物专有的，人类拥有同情、关爱、同理心等。当AlphaGo围棋打败世界冠军柯洁时，柯洁哭了，但阿法狗无法从胜利中感受到喜悦，也不会渴望拥抱一个心爱的人。上一节中提到的“人类的第一次解放”，在这一次也许会成为可能。

ABC时代的工作变迁

未来专一化的工作被机器人取代，综合性的工作留下，人从简单中脱离，回归人的复杂化属性。几百个接线员的办公室只需要一台计算机就可以达到同样的效果，当投资机器人比华尔街人类理财师的业绩更出众的时候，华尔街存在的意义也就逐渐失去，充满办公建筑的CBD是时代最后的盛宴，而以硅谷为代表的花园式的创意总部和创新工场模式成为下一站的救命稻草，然而只要人工智能更进一步，这种城市空间也将失去意义。在《就业的未来》研究报告（2013年9月，Carl Frey&Michael Osborne）的调查中，到2033年各项工作在未来20年被计算机取代的可能性，美国有47%的工作有很高的风险。电话营销人员和保险业务员大概由99%的概率会失业，运动员裁判 98%、收银员 97%、厨师 96%、服务员94%、律师助手 94%、导游91%、面包师89%、公交车司机89%、建筑工人88%、安保人员84%。例如现在的自动咖啡机器人，50秒可以做好一杯完美的咖啡。随着城市工作的迭代替换，城市空间也会发展变化。

李开复在《AI未来》中将人类劳动分为体力劳动和脑力劳动，其将工作划分在一个十字坐标中，其中体力劳动按照社交强度和技能高低和是否结构化为标准，其中高技能、非结构化和强社交的工作类型处于安全区，这些工作包括老人陪伴、理疗师、发型师等。而低技能、结构化和弱社交的工作处于被人工智能替代的高风险区，这些工作包括洗碗工、快餐厨师、出纳/收银、卡车司机、服装厂缝纫工等。脑力劳动按照社交强度、创意型决策性还是优化型为标准，其中强社交和创意决策型的工作类型处于安全区，这些工作包括并购专家、CEO、心理治疗师和社工等。弱社交和优化型的工作类型处于危险区，这些工作包括电话销售、个人信用评估师、核保人、简单翻译等。综合来看，未来将有大量的工作被人工智能替代，其对未来城市的发展和城市空间塑造有什么影响呢？

交往的价值

那些只需要体力或者只需要智力的工作将被人工智能替代，而只有需要意识参与的工作是安全的，体力和智力是人和物质之间的能量交换，人和物质之间不需要产生意识就可以完成工作流程，例如人类不需要对一砖一瓦倾注情感也可以建成一座摩天大楼，人类不需要在操作编程软件的时候加入自己的喜怒哀乐也能完成一个应用程序的编码。在这些方面，人工智能甚至可以比人类完成得更好。但需要人和人的接触才能完成的工作是人工智能多替代不了的。社交的强弱在未来城市空间中占有重要的位置。目前量子计算机最多可以操控个位数到十位数的量子比特，未来将实现数百个量子比特的操纵的量子计算机，这种量子计算机的计算能力是现在全球所有传统计算机的总和的100万倍，而这种量子比特数量和人类大脑相比仍然非常悬殊。以目前最前沿的脑科学假设，人类意识的产生是由几百亿个神经元产生相互纠缠的量子态电子信号，这些电子信号在相互接触中形成量子塌陷，这些上百亿的量子塌陷综合产生了人类的意识。人类在交往中会产生更多有用的信息，一个项目在启动阶段会召开头脑风暴的会议，每个人的想法会激发另一个人新的思路，而所有这些意识在交流过程中会产生出更加有价值的策略或创意，因此人类交往是如此的重要。

未来城市公共功能空间的增配、减量、转型和拆除

未来的科技发展将会影响人类的工作，同样也会对城市空间产生影响。但城市空间并不会像工作种类一样，凭空消失或产生，城市空间是固定存在的，只能从一种类型转化到另一种类型，例如工业生产线上的工人被人工智能替代以后，人类的工作消失了，但工厂本身还会继续运转。城市的高架路废弃之后，或者被拆除做成公园河流。因此未来城市空间变迁将从转型、外迁、减量和增配四种方式进行讨论。

探讨未来城市空间的变迁，需要将城市空间分类考虑，首先建立一个影响城市变迁的评价矩阵，社会交往是重要的竖向评价轴，强社交的公共空间会比弱社交的公共空间更具于生命力。同时由于未来技术发展，人工智能和新生产设备的使用，服务型和创意型的公共空间将会随着工作机会的增多而增加，相反生产型和功能型的公共空间将会转型或者外迁。如果将现在所有的城市空间类型全部分类放入到城市空间变迁的十字矩阵中，那么未来城市空间的变迁将会一目了然。未来城市中，同时具备创意型、服务型和强社交的公共空间将会进一步增加，这些空间包括体育馆、美术馆等文体公共设施和市民中心、健身中心、老年照料中心、社区医院等公共服务设施。未来城市生态环境会进一步加强，人们休闲交流的公园、滨河绿地等生态空间会随着工业用地外迁和滨河空间改造而增多。未来城市的基础设施包括市政设施和交通设施会进一步向地下发展，城市地面会更加舒适宜居，城市中的商业休闲空间和步行道也将随着城市公共交通和地下交通的进化而增多。

具备服务型、创意型，但却是弱社交的空间随着技术改进和提升，其占用的城市空间将会进一步缩减。金融市场的智能化应用，会导致办公人数和办公场所的减少，从而会使金融中心的规模缩小。同理，行政办公的互联网智能化会导致行政性服务内容和程序简化，使行政

办公楼的需求降低。

具备强社交的生产型、功能型公共空间将会转型发展，随着快捷配送的发展，菜市场将会转型为厨艺交流、餐饮展示、新品推广为主的体验性市场。机场车站等枢纽空间会更加注重商业、休闲、生态的置入，新加坡星耀樟宜机场于2019年开始使用，成为一座聚集航空设施、购物休闲、住宿餐饮、景观花园等多功能于一体的综合出行服务空间。综合医院、快餐厅、便利店、超市、酒店等功能型较强的公共设施将会更加注重交往灰色空间的打造，更加注重人性化服务内容的叠加。加油站会随着出行电动化趋势的发展成熟而转型为社区服务、充电站、公园广场等用途。

生产型、功能型和弱社交的公共空间将会外迁或者拆除。滨河快速路和城市核心区的高架路会转移到地下或者被拆除，共享汽车的企业化管理会导致城市中的汽车维修站外迁至郊区的统一维修中心，电话接线员将会随着智能化服务器的应用而完全退出市场。

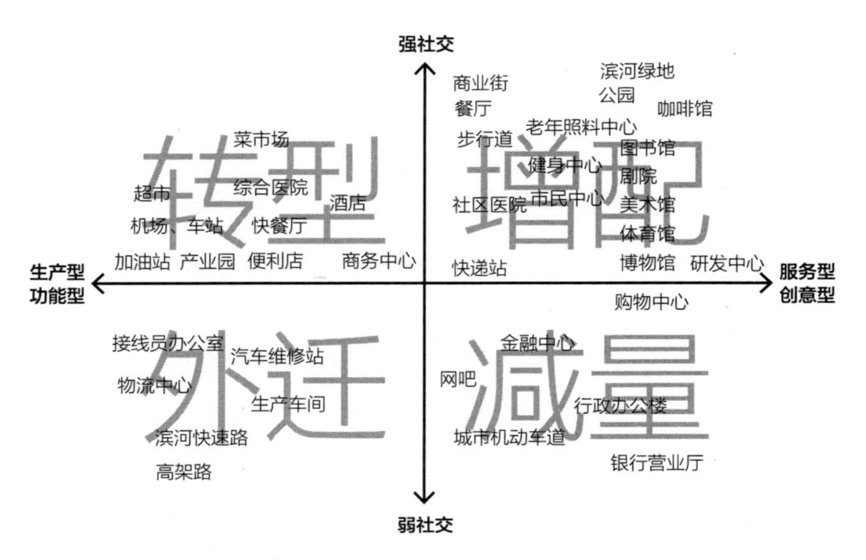

图 11-1 城市公共功能空间变迁示意图

ABC时代的城市空间结构

● **聚合还是疏散**

人类是社会性群居动物，现代科技让远距离的交流成本不断下降，但交往的意义使接近性变得更有价值。疏散力和凝聚力相互交融，会形成更加凝聚的城市核心以及更加宜居的一般城市区，大都市的吸引力进一步加强，形成以都市带为主要空间形式的生活区域。而地球上其他大部分土地面积将成为生态保育和农业生产的区域。以人口密度来分析，未来将是一个平坦的世界，高耸的城市。

● **单一还是多元**

塞廖尔·约翰逊说过："当一个人厌倦伦敦的时候，他就厌倦了生活，因为伦敦拥有生活能够提供的所有最好的东西"。伦敦的快乐远远不只是徒有其表的旅行杂志的素材，城市的快乐有助于判断一座城市的成功，精英人才是流动的，他们寻找合适的地方去消费和生活。据《福布斯》杂志统计，伦敦的舒适环境已经帮助这座城市吸引了32位亿万富豪在这种城市中安家立业。而这些有巨额财富的人，一半不是英国人，他们可能来自印度、中东等地区，他们在自己的国家赚取财富，在伦敦消费。一个成功的城市能提供多元的休闲、消费和工作内容，这些多元内容会形成更多的组合类型，成为一种繁荣健康的城市生活方式。

● **拥有还是共享**

在移动互联网和智能设备出现之前，城市共享经济就已经存在，例如酒店就是共享的卧室，出租车就是共享的私家车。但由于信息不对称和高昂的交易成本的存在，更多的共享行为带来的增值就无法体现。例如共享车位如果没有精确的时间段用户匹配，就会导致严重的停车冲突，从而产生等候时间的浪费，最后，车位的拥有者会选择车位在空闲时间段闲置也不会出租共享。由政府提供的城市公共自行车之所以无法大范围的成功实施，也是因为技术手段的限制导致租车和还车位置的固定化，在早上上班时，居住区附近的公共自行车无车可借，而办公区域的固定自行车位无空位还车的现象，而下班时，会形成相反的错位情况。未来的共享城市，移动互联网和智能匹配技术的发展，可以解决信息不对称和交易成本的问题，因此可以实现更大范围的资源共享，例如共享自行车、共享汽车、共享车位、共享公寓、共享办公等。在共享经济之前，人们购买的是资产，在共享经济之后，人们购买的是定制化的服务。资产闲置情况将大幅度降低，城市的运行效率会成倍提升。完全的共享并不会实现，但会逐步开放更多的共享资源，当共享资源足够多的时候，量变到质变会形成名副其实的共享城市。

科技的发展已经形成了三次城市范式转移[1]，第四次城市范式转移正在发生，未来城市将是聚合、多元和共享的城市。

注释

【1】 李浩．城镇化率首次超过50%的国际现象观察——兼论中国城镇化发展现状及思考［J］．城市规划学刊，2013（1）：43-50．

【2】 详见第九章“技术的极限与城市范式转移”一节．

后记和致谢

从2012年10月开始使用“印象笔记”之后，“印象笔记”成为我每日思考和灵感的港湾。

至2019年5月本书交稿之时，一共有18个笔记本分组，记录了2736篇笔记。

笔记内容包罗万象，

有城市更新、城市生态、城市经济、城市制度、产业政策、地区创生、交通通勤、设计哲学、城市评论等对城市的思考，

也有摄影、跑步、Andy成长记、读书笔记、心理学等生活感悟。

慢慢的，对于我来说，每一篇笔记似乎都有了生命，

当有一天，我再也不忍心这些生命就这样被封印和漠视时，

有了要将他们中的一部分整理出版的想法，

与大家共享、交流和讨论。

对于城市研究的部分大致分为两大类，一类是城市空间的不断变迁，另一类是城市发展的规律。

这两类是表象和表象背后逻辑的互证关系，因此有了城市面具这个主题的想法。

曾经看到李诞对他自己出书的看法，

他之前是一直拒绝出书的，因为明天的自己总会嘲笑昨天自己的幼稚。

但正是因为过去的幼稚，才记录下了曾经真实的自己，

如果追求成熟和完美，那应该永远都出版不了自己的第一本书。

同样，我记录的这些笔记也仅仅是特定时期的思考和感悟，
我们一直在成长中，
但愿多年以后回头审视此书时，能克制住不要嘲笑今天幼稚的自己。
也能为今天的真实所感动。

感谢杨飞博士的引荐，感谢建工出版社张瀛天编辑的积极交流和反馈，
是他们帮我争取到了出版的机会。
感谢曾经帮助过我的同事、同学和朋友。
感谢我的妻子，是她一直的支持，让我完成此书的整理。